ZHENGFU TAIKONG ZHI LU CONGSHU

征服太空之路丛书

刘芳 主编

火箭与长征火箭的故事

时代出版传媒股份有限公司
安徽文艺出版社

图书在版编目（ＣＩＰ）数据

火箭与长征火箭的故事 / 刘芳主编. — 合肥：安
徽文艺出版社，2012.3（2024.1重印）
（时代馆书系·征服太空之路丛书）
ISBN 978-7-5396-3989-5

Ⅰ. ①火… Ⅱ. ①刘… Ⅲ. ①火箭－青年读物②火箭
－少年读物 Ⅳ. ①V475.1-49

中国版本图书馆 CIP 数据核字（2011）第 247268 号

火箭与长征火箭的故事

HUOJIAN YU CHANGZHENG HUOJIAN DE GUSHI

出 版 人：朱寒冬
责任编辑：岑　杰　　　　　　　　装帧设计：三棵树　文艺

出版发行：安徽文艺出版社　www.awpub.com
地　　址：合肥市翡翠路 1118 号　　邮政编码：230071
营 销 部：(0551)3533889
印　　制：唐山富达印务有限公司　电话：(022)69381830

开本：700×1000　1/16　印张：10　字数：148 千字
版次：2012 年 3 月第 1 版
印次：2024 年 1 月第 5 次印刷
定价：48.00 元

前　言

PREFACE

　　无限的宇宙隐藏着无穷的奥秘，广阔的太空是人类永恒的财富，不断探索宇宙的奥秘，和平利用太空资源造福人类是人类的共同目标，航天科技就是实现这一目的的重要途径。

　　航天科技是人类智慧的结晶，其发展离不开火箭技术的进步，火箭是飞向太空的推进装置，是人类进入太空的桥梁。

　　火箭技术是一项十分复杂的综合性技术，主要包括火箭推进技术、总体设计技术、火箭结构技术、控制和制导技术、计划管理技术、可靠性和质量控制技术、试验技术，对导弹来说还有弹头制导和控制、突防、再入防热、核加固和小型化等弹头技术。

　　我们无法确定火箭发明的确切时间，大部分专家认为中国人早在13世纪就研制出了实用的军用火箭。19世纪末，火箭开始用于非军事目的，如用火箭携带救生索飞向海上遇难船只。不久，美国科学家戈达德和其他几位专家的研究奠定了现代火箭技术的基础，并发射了第一枚液体燃料火箭。

　　20世纪50年代以来，火箭技术得到了迅速发展和广泛应用，其中尤以各类可控火箭武器（导弹）和空间运载火箭发展最为迅速。20世纪80年代初，苏、美两国已经分别研制出六、七个系列的运载火箭。其中，美国载人登月的火箭，直径10米，长111米，起飞质量约2930吨，近地轨道运载能力为127吨。苏联的"能源"号火箭，起飞质量约2000吨，近地轨道运载能力约为100吨。

　　在发展现代火箭技术方面，美国的物理学家戈达德和俄国的齐奥尔科夫斯基是开创者，德国的冯·布劳恩是第一枚实用火箭的发明者，中国的钱学森和苏联的科罗廖夫等都做出了杰出的贡献。

　　美国航空航天博物馆照壁上的第一句话就是：最早的飞行器是中国的风筝和火箭。在清朝以前，中国始终是世界上最早使用火箭和火箭技术最高的国家，甚至在明朝时期一度是世界上唯一掌握火箭武器技术和大规模应用火箭技术的国家。后来，因为采取了抑制火器发展和闭关锁国的政策，中国的火箭技术逐渐停滞并严重倒退，直到 1958 年，中国才造出第一支现代火箭，不但晚于美国、苏联，更晚于日本等国。

　　不过令人欣慰的是，中国火箭的发展速度是非常惊人的。从 1970 年 4 月"长征一号"火箭成功发射中国第一颗人造地球卫星"东方红一号"至今，中国"长征"火箭走过了从常规推进到低温推进、从串联到捆绑、从一箭单星到一箭多星、从发射卫星载荷到发射飞船的技术历程，已形成四大系列十二种型号的航天运载产品，具备发射各种轨道空间飞行器的能力，并在可靠性、安全性、发射成功率、入轨精度等方面均已达到国际一流水平。并且，中国"长征"火箭还逐步走向世界，先后把美国、法国、瑞典等国制造的 28 颗卫星成功送入太空。如今，中国"长征"火箭已成为国际宇航市场上知名的高科技品牌，在国际商业卫星发射服务市场上占有一席之地。

　　翻开发射记录，中国"长征"火箭完成前五十次发射用了 28 年，后五十次只用了 9 年。有人称，中国"长征"火箭将用更短的时间，去完成下一个一百次航天发射。

　　如今，世界各国都加快了向太空进军的步伐，把探测目标投向了更远的地方，而对火箭的研制是其中不可缺少的一环。我们有理由相信，人类凭借自己的聪明才智，一定能够研制出更先进，飞得更远的火箭，把探测器送到月球、火星甚至更远的地方。

目录

Contents

从古到今话火箭

CONGGU DAOJIN HUA HUOJIAN

千百年来，人类一直都在努力寻找一条自由的飞天之路。我国明朝有个叫万户的人把自己绑在椅子上，试图用47枚"飞龙"火箭飞上天，但是失败了。鉴于他的这种创造和牺牲精神，国际宇联把月球上一座环形山称作"万户"，以纪念这位世界上第一个尝试利用火箭进入太空的人。

50年前，美国和前苏联是世界上仅有的两个拥有运载火箭的国家。20年前，具有经常性火箭发射能力的只有美国、前苏联、欧洲和中国。而今天，自行开展航天发射的国家几乎是那时的两倍。

综合看来，美国、俄罗斯在运载火箭技术上，略胜其他国家一筹，而中国、欧空局、日本等也有较长的运载火箭发射历史，印度、韩国、巴西等国家正在积极发展。火箭技术的飞速发展，不仅可提供更加完善的各类导弹，推动相关科学的发展，还将使开发空间资源、建立空间产业、空间基地及星际航行等成为可能。

探寻火箭的历史

俄国科学家、现代航天学和火箭理论的奠基人——康斯坦丁·埃杜阿尔多维奇·齐奥尔科夫斯基（Константин Эдуардович Циолковский）说："地球是人类的摇篮，我们不会永远停留在摇篮里。为了追求光明和探索空间，我们开始小心翼翼地飞出大气层，然后再征服太阳周围的整个空间。"

像鸟儿一样在天空翱翔是人类自古以来的梦想，几乎所有讲述航空历史的书都是从远古的神话开始的。古希腊罗马人给他们的神安上了翅膀，并虚构了多种飞翔生物。在代达罗斯和伊卡洛斯的神话中，父子俩用蜡和羽毛做成翅膀，系在身上飞出囚禁之地，不幸的是伊卡洛斯飞得太高，蜡被融化坠入海洋，代达罗斯则安全降落于西西里岛。而中国也有羽人传说。羽人，在《山海经》中有记载："羽民国在其东南，其为人长头，身生羽。"

地球的周围有着一层多用途的面纱，那就是大气层。大气层保护着地球上的生物，使得他们免受从宇宙空间飞来的流星和粒子辐射的危害。地球表面维持适宜温度，动物所需的氧气、植物必需的二氧化碳，都是大气层提供的。有了大气层，地球上才有万物生长，才有高智慧的高级动物——人类。

由于地球引力的作用，地球大气层的空气并不均匀，它的密度随着高度的增加逐渐下降。在距离地面 30 千米的高空，大气密度只有海平面的百分之一点五；在 100 千米的高度上，只有海平面的百万分之一。因此在贴近地面 6000 千米的高度范围内，空气的质量大约占去整个大气质量的一半；在 16 千米的高度内，大约包含整个大气质量的四分之三。

人类的航空活动，从一开始便和大气层的密度有直接关系。18 世纪工业革命之后，随着生产力的迅速提高，人们开始尝试离开地面到空中飞行。1883 年，先后出现了热空气球和氢气球。19 世纪末至 20 世纪初，又从气球发展到飞艇，出现了一种轻于空气的新航空器。1903 年第一架活塞式飞机制造成功。1939 年第一架喷气式飞机正式诞生。之后，在 20 世纪 40 年代里，出现了第一批军用喷气式飞机。50 年代后，航空航天技术更是不断进步和发展，其中，火箭技术的发展有着不可忽视的重要作用。

　　航空技术的发展，实质上就是争取速度、高度和航程的过程。1940 年，活塞式飞机飞行速度达到每小时 755 千米，最大航程达到 1 万千米，巡航高度达到 17 千米。这时候人们发现活塞式飞机已经发展到了极限，没有什么可提高的余地。但是，喷气式发动机的应用，又给航空飞行带来了更广阔的前景。现在最先进的喷气式飞机，可以在 3 万米的高空以三倍音速的速度飞行，持续航程可达到 2 万千米。

　　随着航空技术的发展，人们开始意识到：一切航空器，从最初的气球到最新式的喷气式飞机，都只能在大气中飞行，不能脱离大气。飞机要离开地面，必须依靠发动机的推动力，一方面克服空气的阻力，另一方面使机翼和空气发生相对运动来产生上升力。所有的航空发动机的运转，燃料燃烧都必须从大气中获得氧气。这样说来，飞机飞行依赖于大气，能够支持飞机飞行的大气层高度只有 30 多千米，所以飞机只能在这个高度以下飞行。此外飞机的速度还是不够快。现在，飞机的速度世界纪录是每小时 3523 千米，大约只有第一宇宙速度①的 1/8。航空方面的日积月累的经验对航天活动是宝贵的，但如果套用飞机升空的办法，显然是飞不出地球的。

　　但火箭不同，它不是利用空气的浮力和升力，而是依靠自身的反作用力，可以在没有空气的地方飞行。就像乌贼、章鱼可以靠反作用力逃跑一样，火箭也可以利用反作用力冲上天空。但火箭喷射的不是空气，而是燃烧所产生的气体。不同类型的火箭使用不同的燃料，但不论是哪种，都有一个共同特点，那就是它们的推进剂不需要外加空气就能够燃烧。

　　一般物质燃烧，都需要空气中的氧气来助燃。但是火箭的推进剂中自带着氧气，这样，即使在几乎真空的浩瀚宇宙中，火箭也能够自己喷射燃烧气体而飞行。

　　在没有空气的状态下，火箭也可以燃烧前进，这一点人类在 1610 年就已

---

　　①　航天器沿地球表面作圆周运动时必须具备的速度，也叫环绕速度。第一宇宙速度有两个别称：航天器最小发射速度、航天器最大运行速度。

经知道了。英国的纳索伯爵曾写到："火箭也可以在水中点火，在水中喷射前进。"

火箭的推进剂既然能够在水中燃烧，那么也应该能在真空状态下燃烧。现代火箭的奠基人齐奥尔科夫斯基坚信"火箭可以在真空状态的宇宙空间里使用"。他研究怎样改进火箭技术使它能在宇宙空间里飞行，他在 1903 年写的论文《利用喷气工具研究宇宙空间》中，就曾提到"液体燃料火箭比固体燃料火箭更适宜于宇宙飞行"的理论。

知识点

喷气式飞机

喷气式飞机是一种使用喷气发动机作为推进力来源的飞机。其发动机前面装有空气压缩机，压缩机转子周圈装满叶片，发动机启动后，压缩机旋转吸入外界的空气，外界的空气进入导向器以后，压缩机把气体一级一级向后压，气体的浓度越来越浓，压力也就越来越大，当气体通过最后一级后，气体压力增大很多倍。然后进入燃烧室，在燃烧室里，喷电打火，喷油燃烧，因气体中含有氧气，气体燃烧膨胀，向后喷出，燃烧室后面是涡轮，涡轮轴上装涡轮盘，涡轮盘周圈装满叶片，通过涡轮旋转再一级一级向后压，气体通过发动机后部的涡轮一级一级压缩，压力再提高几百倍，最后，通过尾部喷口喷出，产生反作用力，使飞机向前飞。

战火中诞生的火箭

提到古代火箭，就要从我国说起了。我国是世界上最早发明火药的国家。唐朝中叶（大约在公元 682 年），中国已经发明了火药。最初火药只是用于庆典时候的烟花，而真正将火药制成武器、用于战争，始于宋朝。

北宋军官岳义方、冯继升造出了世界上第一个以火药为动力的飞行兵器——火箭。这种火箭由箭身和药筒组成。药筒用竹、厚纸制成，内充火药，前端封死，后端引出导火绳，点燃后，火药燃烧产生的气体向后喷出，以气体的反作用力把火箭推向前，在飞行中杀伤敌兵。这种原始的火箭在工作原理上与现代火箭几乎没有什么不同。公元 12 世纪中叶，原始的火箭经过改进后，被广泛地运用于战争。当时在中国民间广为流行的能高飞的"火流星"（亦称"起火"），实际就是世界上第一种观赏性火箭。

完全依靠火药喷射的反作用力前进的火箭最早出现在南宋。人们最开始只是利用火药制成了"地老鼠"、"走线流星"、"起火"等烟花或娱乐玩具。随后便发现利用火药反作用力发射带炸药的火箭不但射得远，而且杀伤力大。有历史记载，公元 1161年，南宋将领虞允文在著名的采石战役中，使用霹雳炮打败了金兵，这种霹雳炮就是利用火药发射到敌军中，然后引燃爆炸，杀伤敌军，有点类似现代的火箭弹。

古代火箭

到了明代，古代火箭的技术发展得更为完备。明洪武年间，兵仗局①制造了一种称作"火箭"的兵器，曾用于 1399 年燕王朱棣争夺皇位的"靖难"战争；而明代的另一种武器"神火飞鸦"则是利用火箭推进的爆炸性火器，它是用竹篾编成的小篓，外形如乌鸦，内装火药，乌鸦的下面装四只起飞用的火箭，背上钻有安装引信的孔，并将引信连在火箭上。

此外还有诸如"火龙出水"、"长蛇破敌箭"等，明人茅元仪所编著的《武备志》中详细记载了当时各种火箭的功用和原理图，其中包括抗倭名将戚

---

① 宦官官署名。明八局（兵仗局，银作局，浣衣局，巾帽局，针工局，内织染局，酒醋面局，司苑局）之一。兵仗局掌造刀、枪、剑、戟、鞭、斧、盔、甲、弓、矢等军用器械和宫中零用的铁锁、针剪及法事所用钟鼓等。所属有火药司等。

继光所使用的飞刀箭、飞枪箭等。

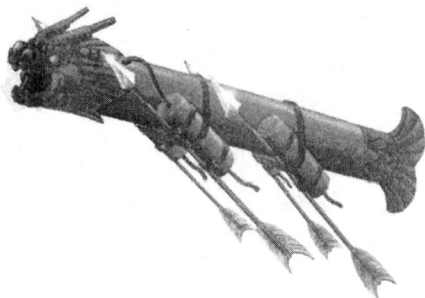

火龙出水

所有的这些成就与探索中，最值得一提的是明朝初年，有一位名叫"万户"的人，曾让人将47只火箭和自己一起绑在椅子上，两手各拿一只大风筝，试图借助火箭的推力和风筝的升力飞行，虽然试验以失败而告终，但他可以称得上是人类航天史上第一个用火箭作动力飞行的人。为表彰这位先驱者的勇敢探索，国际天文联合会将月球上一环形山命名为"万户山"。

中国是火箭诞生的故乡。在中国科学技术馆的"中国古代传统技术"展厅里，就展览着"火龙出水"、"神火飞鸦"和"一窝蜂"等中国古代火箭的复原模型，它们充分展现了中国古代人民的杰出智慧和卓越才能。美国华盛顿有一座规模宏大的航空与航天博物馆，展品数量和参观人数都居世界航空博物馆首位。这个博物馆曾多次展出中国火箭。在展品说明中，明确承认原始火箭是中国发明的。

古代火箭具有现代火箭的基本结构，包括有效载荷（箭头）、箭体（箭杆）、发动机（火药筒）和控制系统（起稳定作用的羽尾）。

一窝蜂

从13世纪起，亚洲、欧洲的一些国家也相继在战争中开始使用类似的原始火箭，公元14～15世纪，意大利、法国、德国也出现了火箭。到了18世纪，火箭和火炮并存，都是战争中的攻击武器。

英国侵略印度的时候，印度军队用中国火箭抗击英军，英国人把缴获的东方火箭带回了英国。火箭在那里得到了较大的改进和发展，最后成了"欧洲火箭"。这方面，火箭先驱者英国的威廉·康格里夫（William Congreve）做

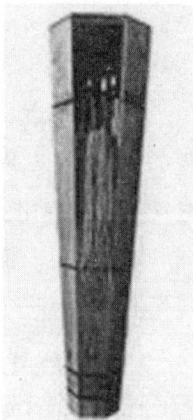

出了很大贡献。他给火箭装上一个金属发动机容器，燃烧容器内的火药能够产生更大的推力，以提高火箭的射程和速度。为了提高火箭飞行的稳定性，他在发动机容器的侧面增加了一个笨重的稳定杆。

康格里夫研制的火箭在射程、精度及稳定方式方面都作了改进，其性能几乎达到了火药火箭的极限。其巨大的杀伤力，使各国纷纷开始重视火箭的研究和使用。

此后，战争火箭的另一项重大进步就是稳定性的提高。19世纪中叶，英国的发明家威廉姆·黑尔（William. Hale）在火箭的尾部装上3只倾斜的稳定螺旋板，当火箭发射时，空气动力的作用使火箭自身旋转，从而达到稳定。

到第二次世界大战为止，火药火箭的发展已臻于完善。它的基本结构是有装有火药的火箭筒，中间装有发射药作为推进剂，头部装有高爆炸药和引信，尾部为喷口，另外采用尾部稳定翼起稳定作用，在发射装置上采用发射架或发射筒。比较著名的就是前苏联的火箭炮——"喀秋莎"。

火药火箭是第一种实用的反作用推进装置，虽然有许多局限证明它不是理想的太空运载工具，但它的基本原理却完全适用于航天运载工具的需要。这样，运用火箭作为宇宙航行基本运载工具的想法在先驱者脑中酝酿。后来液体燃料火箭出现，进一步为航天推进器的实现提供了可靠的技术保证，也让航天先驱者看到了使用火箭进行航天运载的曙光。经过不断地研究和试验，火箭作为太空飞行的推进装置逐渐得到证实，最终为人类通向太空架起了桥梁。

知识点

喀秋莎火箭炮

喀秋莎火箭炮是前苏联卫国战争时期火箭炮的流行名称。系由沃罗涅日州的共产国际兵工厂组织生产，取共产国际俄文第一个字母K命名并印在炮车上。喀秋莎火箭炮的正式型号是БМ－13，这是一种多轨道的自行火箭炮。共有8条发射滑轨，一次齐射可发射直径为132毫米的火箭弹16发，最大射

程8.5千米，既可单射，也可部分连射，或者一次齐射，装填一次齐射的弹药约需5—10分钟，一次齐射仅需7—10秒。运载车时速90千米。该炮射击火力凶猛，杀伤范围大，是一种大面积消灭敌人密集部队、压制敌火力配系和摧毁敌防御工事的有效武器，在第二次世界大战中发挥了重要作用。

万户飞天

由于火药的发明，中国人在世界上最早制造出了现代火箭的雏形。那时，虽然火箭主要被用于战争，但是，古代的设计者们并没有忘记用火箭作为实现人们飞向太空梦想的"天梯"，还进行了大胆的试验和尝试。万户，这位中国古代的兵器制造专家，以其惊人的胆略，创造出了"万户飞天"的佳话，成为我国古代载人航天活动的先驱探索者。

万户飞天

故事发生在公元十五世纪的中国。那是明朝宪宗皇帝成化十九年，有一位富有人家的子弟叫万户，他熟读诗书，但不去投考。因为他不爱官位，爱科学。他最感兴趣的是中国古人发明的火药和火箭，想利用这两种具有巨大推力的东西，将人送上蓝天，去亲眼观察高空的景象。为此，他做了充分的准备。

这一天，他手持两个大风筝，坐在一辆捆绑着四十七支火箭的蛇形飞车上。然后，他命令他的仆人点燃第一排火箭。

只见一位仆人手举火把，来到万户的面前，心情非常沉痛地说道："主人，我心里好怕。"

万户问道："怕什么？"

那仆人说："倘若飞天不成，主人的性命怕是难保。"

万户仰天大笑，说道："飞天，乃是我中华千年之夙愿。今天，我纵然粉身碎骨，血溅天疆，也要为后世闯出一条探天的道路来。你等不必害怕，快来点火！"

仆人们只好服从万户的命令，举起了熊熊燃烧的火把。

只听"轰！"的一声巨响，飞车周围浓烟滚滚，烈焰翻腾。顷刻间，飞车已经离开地面，徐徐升向半空。

正当地面的人群发出欢呼的时候，第二排火箭自行点燃了。突然，横空一声爆响，只见蓝天上万户乘坐的飞车变成了一团火，万户从燃烧着的飞车上跌落下来，手中还紧紧握着两支着了火的巨大风筝，摔在万家山上。

后来，万户长眠在鲜花盛开的万家山。当然，他进行的飞天事业也停止了。

明朝以后，特别是到了近代，我国的科技事业日趋落后，以至倍受列强的欺凌。但是，万户开创的飞天事业，得到了世界的公认。美国一位叫詹姆斯. 麦克唐纳的火箭专家，称中国的万户为青年火箭专家，是人类进行载人火箭飞行尝试的先驱。他研制的蛇形飞车，也是人类有史以来了不起的发明。

实际上，早在明代我国便发明了二级火箭。多级火箭为我国首创，是人类火箭技术方面的重大突破，是现代多级火箭的先河。

1945 年，美国火箭学家赫伯特（Herbets. Zin），在他的《火箭和喷气机》（Rockets and Jets）一书中记述说，这位快要活到 15 世纪的叫"Wan Hoo"的中国人，自制两个大风筝，安装在一把椅子的两边，并把买来的 47 支最大的火箭绑在椅子背后，自己坐在椅子上，然后命仆人按口令点燃火箭，火箭随即发出轰鸣，喷出火焰。实验家 Wan Hoo 在火焰和烟雾中消失了。首次进行的火箭飞行尝试没有成功。这位美国火箭学家把 Wan Hoo 评价为"试图利用火箭作为交通工具的第一人"。

前苏联两位火箭学家费奥多西耶夫和西亚列夫也在他们的《火箭技术导论》中说，中国人不仅是火箭的发明者，而且也是"首先企图利用固体燃料

火箭将人载到空中去的幻想者"。

英国火箭专家 W·麦克斯韦尔说"Wan Hoo 的事迹是早期火箭史中一件有趣的重大事件"。

德国火箭学家威利·李（Willy. Lee）在他 1958 年出版的一本书中也说道，在公元 1500 年左右，Wan Hoo 在"发明并试验一种火箭飞行器时，颇为壮观地自我牺牲了"。

综上所述，万户飞天是一个举世公认的事实。但由于没有找到直接转述的文字记载，所以我们说，万户飞天是一个没有完全核实的故事。我们相信这是一个完全真实的故事，因为它有可靠的技术基础，这就是我国当时辉煌的火药技术；也有可靠的思想基础，那就是中华民族的勇敢创新精神；还有强大的社会基础，拥有四大发明的华夏国土，在第二个千年的前半叶，处在世界文明和财富的最顶端，这也是得到世界公认的物质基础。

诚然，史科考证的难度很大。封建制度把许多民间的技术创造，划归"三教九流"之列，难以用书面文字形式流传。前面介绍的古代火箭发明这样重大的技术创造，很可能只是因为它牵涉到了皇帝的活动，才在正史中占有25 个字的位置。但有关火箭技术本身仍一字未提。

根据约定俗成原则，我们将"Wan Hoo"译为"万户"。万户是世界上第一个利用火箭向太空搏击的英雄。他的努力虽然失败了，但他借助火箭推力升空的创想是世界上第一个，因此他被世界公认为"真正的航天始祖"。为了纪念这位世界航天始祖，20 世纪 70 年代，国际天文联合会将月球背面一座环形山命名为"Wan Hoo"，也就是我们所说的"万户山"。

运载火箭的诞生

火箭可应用在军用和民用两大方面，按不同的飞行任务，大致可分为三类：探空火箭，用于高空大气测量；弹道式导弹，是带战斗部的有控火箭；卫星（宇宙飞船）运载器，把卫星或飞船送上轨道。

目前世界上最大的运载火箭是美国的"土星–5"，它的直径为10米，高85米，起飞时质量近3000吨。第一级火箭装有五台发动机，推力超过3000吨，点火后150秒即可把2000多吨液氧和煤油烧完；第二级火箭装有450吨高能推进剂（液氧和液氢），推力525吨；第三级火箭装有106吨推进剂，推力100牛。"阿波罗"登月飞船就是由它运载并送入轨道的。

"土星–5"运载火箭

空间探测器的探测活动大大更新了有关空间物理和空间天文方面的知识。到20世纪末，已有5000多个航天器上天。有100多个国家和地区开展航天活动、利用航天技术成果或制定了本国航天活动计划。航天活动越来越成为国民经济和军事部门的重要组成部分。

航天技术是现代科学技术的结晶，它以基础科学和技术科学为基础，汇集了20世纪许多工程技术的新成就。力学、热力学、材料学、医学、电子技术、光电技术、自动控制、喷气推进、计算机、真空技术、低温技术、半导体技术、制造工艺学等对航天技术的发展起了重要作用。这些科学技术在航天应用中互相交叉和渗透，产生了一些新学科，使航天科学技术形成了完整的体系。航天技术不断提出的新要求，又促进了科学技术的进步。

19世纪末20世纪初，随着科学技术的进步，近代火箭技术和航天飞行发展起来，先驱者的代表人物有前苏联的齐奥尔科夫斯基、美国人罗伯特·戈达德和德国人奥伯特。

齐奥尔科夫斯基，是被公认的真正开拓宇宙航行理论的先驱者。他奠定了火箭在太空中飞行的理论基础，提出了利用火箭进行星际航行和发射人造地球卫星的可能性，并且建立了火箭结构特点与飞行速度之间的关系式，即著名的"齐奥尔科夫斯基公式"。

在宇宙航行动力方面，齐奥尔科夫斯基在1883年的《外层空间》一书中

发展了反作用推进理论，首次提出宇宙飞船利用喷气运动的原理，并且画出了第一张设想的宇宙飞船工作图。他是第一个从理论上证明火箭能在空间真空环境工作的人。

1898 年，齐奥尔科夫斯基完成了火箭研究的划时代巨著《利用喷气工具研究宇宙空间》。这部著作的问世，标志着火箭飞行技术的真正开始，为后来火箭技术的发展奠定了坚实的理论基础。

随后他又在 1903 年出版的《火箭进入宇宙空间》一书中指出，燃料烧完后的火箭质量（Mo）越大，火箭的性能越好；发动机喷管排出的气体的速度（W）越快，火箭的速度（V）越高。由此，他提出了宇宙航行理论中最重要、最基本的公式，即火箭公式 $V = W\ln(Mo/Mk)$，式中 Mk 为包括燃料在内的火箭质量。这个公式后来被称为"齐奥尔科夫斯基公式"。

在火箭燃料方面，他指出固体燃料能量太低，固体燃料火箭不容易控制，作为宇宙航行动力的火箭，应使用液体燃料，它可以用汽车油门一样的东西来控制流量，也就是控制推力。最好的液体燃料是液氢和液氧。但当时的工业技术还无法制造液氢。齐奥尔科夫斯基就大胆地设想用煤油和液氧做火箭燃料。

通过计算，齐奥尔科夫斯基进一步指出，单级火箭能达到的最大速度为 9 千米/秒，由于空气阻力等造成的速度损失，实际速度只有 7 千米/秒，这还达不到克服地球引力所需要的 7.9 千米/秒的第一宇宙速度，更不用说摆脱地球引力和太阳引力的第二、第三宇宙速度了。这就得出了用多级火箭实现宇宙航行理想的结论。

除火箭外，齐奥尔科夫斯基还设想了许多其他克服地球引力的方式，如地球赤道上的 36000 千米登天塔和大气层外登天台等等。他还提出利用太阳光的光压来加速飞船的太阳帆的概念。

在载人航天方面，他指出星际空间为真空区，载人航行必须携带空气，这样飞船上必须有密封座舱，座舱中的空气必须不断净化，才能提供新鲜空气，进而提出用动植物组成生物循环链的密闭生态系统；他指出，在宇宙飞船上会是失重状态，由此推论了不同质量的物体在失重状态下的运动规律；

他提出建设空间站和轮胎形太空住宅的设想，并提出用自转来产生人工重力。

齐奥尔科夫斯基的贡献是巨大的。更何况他是自幼两耳失聪的残疾人，因此更加令人钦佩。他有坚强的意志和百折不饶的精神，残疾障碍、幼年丧母、家庭穷困、世俗偏见、权威排斥、无情火灾等等都没有把他压倒。他把自己的一生凝聚成730多篇论著，为宇宙航行打下了理论基础。

虽然齐奥尔科夫斯基一生中并没有亲手设计出实用的火箭，但他的许多研究成果却大大加快了人类飞向太空的历程。鉴于他的杰出贡献，齐奥尔科夫斯基被后人誉为"前苏联航天之父"。

1903年，苏俄液体火箭的始祖希考夫斯基（Konstantion E. Ziolkovsky）出版了《宇宙火箭》一书，这是最早的阐述关于液体火箭制造的书籍。但他只是一位理论家，而最早研究液体火箭的则是美国人罗伯特·戈达德（Doddard, Robet Hutchings）博士。

戈达德

罗伯特·戈达德博士在1910年开始进行近代火箭的研究工作。他在1919年的论文中提出了火箭飞行的数学原理，指出火箭必须具有7.9千米/秒的速度才能克服地球的引力。他认识到液体推进剂火箭具有极大的潜力，1926年3月，他成功地研制和发射了世界上第一枚液体推进剂火箭，飞行速度103千米/小时，上升高度12.5米，飞行距离56米。

奥伯特教授在他1923年出版的书中不仅确立了火箭在宇宙空间真空中工作的基本原理，而且还说明了火箭只要能产生足够的推力，便能绕地球轨道飞行。同齐奥尔科夫斯基和罗伯特·戈达德一样，他也对许多种推进剂的组合进行了广泛的研究。

虽然俄国和美国的火箭研究起步最早，然而世界上第一枚实用火箭的诞生地既不是俄国，也不是美国，而是德国。在罗伯特·戈达德致力于液体火

箭研究的同时，在罗马尼亚出生的德国科学家赫尔曼·奥伯特（H. Hermann Oberth）在火箭研究领域也取得突破性进展。

"欧洲火箭之父"赫尔曼·奥伯特是当时唯一可以与罗伯特·戈达德相比拟的专家。他在1923年出版了《星空火箭》一书，1925年又发表《星空航行之路》，更为重要的是在他的影响下，德国掀起了一股火箭热，而且奥伯特还把一批热心于火箭和宇航研究的年轻人吸引在自己周围，建立了世界上第一个星际航行协会，这是划时代的太空航空工程人才大聚会。这个协会涌现了许多年轻的火箭专家，其中最为著名的是冯·布劳恩（Wernher von Braun），这位当年18岁的年轻人后来成为了直接负责第一次将人类送上月球的火箭工程师。

奥伯特

1932年，年仅20岁的冯·布劳恩受聘于德国陆军军械部，随后他便邀请了里德尔、鲁道夫等一批火箭专家组织起库麦斯多夫液体火箭小组，开始实施一个在库麦斯多夫试验场研制A系列火箭的计划。在不到两年的时间内，1934年，冯·布劳恩主持研制的两枚A-2火箭便在波尔库姆岛试验成功。1937年，他所领导的火箭小组转到了佩内明德基地，并且先后研制出了A-3、A-4和A-5火箭。然而，由于战争的需要，德国政府下令将A-4火箭改装成为战争工具，这便是著名的V-2火箭。二战以后，航天科技得到了迅猛的发展，至此，人

冯·布劳恩

类进入太空的日子已经不远了。V-2火箭就是现代火箭的雏形。

1945年5月，第二次世界大战德国战败，前苏联俘虏部分德国火箭技术人员，缴获了几枚V-2火箭和有关技术资料。在此基础上，1947年前苏联仿制V-2火箭成功。1948年自行设计了P-1火箭，射程达300千米。1950年和1955年又先后研制成P-2和P-3火箭，射程分别达到500千米和1750千米。1957年8月，成功发射两级液体洲际导弹P-7，射程8000千米，经过改装的P-7于1957年10月4日，成功发射世界上第一颗人造地球卫星——"人造地球卫星一号"，从而揭开了现代火箭技术新的一页。前苏联由于发射多种航天器，先后研制成功"东方号"、"联盟号"、"宇宙号"、"质子号"、"能源号"等多种型号的运载火箭，可将100多吨的有效载荷送入近地轨道。

二战后，美国俘虏了以冯·布劳恩为首的德国火箭专家，缴获了100余枚V-2火箭。美国陆军在布劳恩的帮助下于1945年发射了V-2火箭，1949年开始研究"红石"弹道导弹，1954年制定人造卫星计划，1958年2月1日"丘比特"C火箭成功发射美国第一颗人造卫星，美国为发射多种航天器，先后研制成功"先锋号"、"丘诺号"、"红石号"、"侦察兵号"、"大力神号"和"土星号"等运载火箭。

1960年11月5日，中国第一枚近程火箭发射试验成功。我国有"长征"号（CZ）系列运载火箭，主要有"长征一号"、"长征二号"、

V-2火箭

V－2 火箭

"长征三号"、"长征四号"共四种基本型运载火箭和"长征一号D"、"长征二号C"、"长征二号C/SD"、"C长征二号D"、"长征二号E"、"长征二号F"、"长征三号A"、"长征三号B"、"长征四号B"等多种改进型。

1990年4月7日，中国"长征三号"运载火箭成功发射美国制造的"亚洲一号"卫星。"长征"火箭成功地进入了国际商业发射卫星的行列，至今已将27颗外国卫星发射上天。

法国从20世纪50年代开始自行研制探空火箭和导弹，并在此基础上研制"钻石号"运载火箭。1965年11月至1967年2月，法国"钻石号"火箭将A－1、D－1人造卫星送入太空。法国积极推动西欧国家联合发展欧洲航天事业，它是欧洲航天局的主要成员国，并承担"阿丽亚娜"号运载火箭的大部分研制工作。

欧洲航天局正式成员国有比利时、丹麦、法国、联邦德国、爱尔兰、意大利、荷兰、西班牙、瑞典和英国；非正式成员国有奥地利和挪威；加拿大为观察员国。由欧洲航天局研制的"阿丽亚娜－1"运载火箭于1979年12月24日首次发射成功。迄今已研制有"阿丽亚娜－1"到"阿丽亚娜－5"五种基本型和多种改进型火箭。"阿丽亚娜－4"为欧洲航天局主要运载工具，已发射80余次，失败7次，成功率在世界商用卫星运载工具

美国"德尔它"火箭

中名列前茅。

日本自 1963 年开始研制 M 系列固体运载火箭，共有 4 代。1970 年日本宇宙开发事业团决定引进美国"德尔它"运载火箭技术，以发展本国的 N 号运载火箭。1975 年 9 月，日本首次用 N – 1 火箭成功地发射了"菊花 – 1"技术试验卫星。1994 年成功试验带有氢氧燃料装置的 N – 2 火箭。印度自行研制成功运载火箭系列 SLV、ASLV、PSLV 和 GSLV，2001 年 4 月，印度同步轨道卫星运载火箭 GSLV 发射成功。

此外，英国、意大利、加拿大、印度、巴西、以色列、韩国、朝鲜等国，均已具备利用本国制造或租用他国运载火箭来发射人造卫星的能力。

知识点

欧洲航天局

欧洲航天局是在 1975 年由一个政府间会议设立的，总部设在法国首都巴黎，目标是专门为和平目的提供和促进欧洲各国在空间研究、空间技术和应用方面的合作。

欧洲航天局的前身，欧洲航天研究组织经过 1962 年 6 月 14 日签署的一项协议，于 1964 年 3 月 20 日建立。如今它仍旧是欧洲航天局的一部分，称为欧洲航天研究与技术中心，位于荷兰的诺德惠克。欧洲航天局共有约 2200 名工作人员（2011 年）。发射中心是位于法属圭亚那的圭亚那发射中心。由于其

相对于赤道较近，使卫星发射至地球同步轨道较为经济（同质量下所需燃料较少）。控制中心位于德国的达姆施塔特。

火箭是如何飞上太空的

现代火箭是指一种靠发动机喷射气体产生反作用力向前推进的飞行器，是实现卫星上天和航天飞行的运载工具，故又称为"运载火箭"。

人们在射击时会感觉到，子弹射出枪口时枪身会向后坐，也就是说枪身向后移动。这个力量很大，有时会把人推一个跟头。这就是我们经常说的牛顿第三定律的体现，即"两个物体之间的作用力和反作用力总是大小相等，方向相反，作用在一条直线上"。火箭的发射就是利用这个原理。

火箭的工作原理就是动量守恒定律，当火箭推进剂燃烧时，从尾部喷出的气体具有很大的动量，根据动量守恒定律，火箭就获得等值反向的动量，因而发生连续的反冲现象，随着推进剂的消耗，火箭质量不断减小，加速度不断增大，当推进剂燃尽时，火箭即以获得的速度沿着预定的空间轨道飞行。

提高火箭速度有两个办法，一是提高气体的喷射速度，二是提高质量比（火箭开始飞行时的质量与燃料燃尽时的质量之比）。而提高喷射速度的办法比提高质量比的办法更有效，但喷射速度的提高也有一定的限度。因为要提高喷射速度，必须有高效能的燃料，才能产生高温高压的气体，并高速地从喷口喷出；同时还要求制作燃烧室和喷口的材料能经受得住高温、高压和高速。

现代液体燃料的火箭喷射速度为 2500 米/秒，气体的压强为 4 个大气压，温度已高达 3000℃左右。把喷气速度提高到 4 ~ 4.5 千米/秒就是很高的技术水平了，要想把质量比提高到 10 也是很难办到的。火箭除了外壳、存贮燃料设备和燃烧室外还要有发动机、仪器、控制设备和要运送的人造卫星、爆炸弹头等，燃料燃尽后，剩余的总质量还是相当大。如果质量比是 6，气体的喷射速度为 2500 米/秒，火箭的最大速度也不到 4.5 千米/秒，远小于第一宇宙速度（7.9 千米/秒），更不用说脱离地球引力了。可见，单级火箭的最终速度是有一定限制的，因此只有利用多级火箭才能获得较大的最终速度。

它是怎么飞行的呢？先来做一个小试验：把气球吹满气，猛一松手，它肯定会向前"飞"出一定距离后才落到地面。原来气球之所以能"飞"是因为受到它"肚子"里排放出来的空气的反作用力的推动。

运载火箭飞行的原理和气球"飞"的原理一样，都是利用了物体的反作用力。运载火箭的"肚子"里装有燃料，燃料点着后产生大量热量，变成急剧膨胀的气体，气体从火箭尾部猛烈喷出，火箭便在气体喷发产生的反作用力下向前飞行了。

火箭为什么能飞得那么快呢？我们知道，燃料产生的热量越多，喷射气体的速度越快，产生的推力就越大。科学家计算过，一般火箭燃气的喷射速度约为每秒 2 千米，当燃料的重量是火箭净重的 1.72 倍时，火箭的最终速度等于气体的喷射速度；如果要使火箭的最终速度达到气体喷射速度的 2～3 倍，那么就要相应地增加燃料。可是燃料增加，火箭的体积、重量也就随之增加，而用同样的力推动轻、重不同的物体时，其速度是不一样的。怎么解决增加燃料又不过多地增加火箭重量的矛盾呢？科学家们想了一个绝妙的办法，就是把火箭做成一级一级的，每一级都有燃料，烧完一级就扔掉一级，这样火箭就越飞越轻，速度也越来越快。再加上离地球越来越远，地心引力和空气阻力都随之减小等其他因素，火箭便可以具有超过其他任何交通工具的速度。

随着科技的不断发展，科学家们已经发明、制造了各种型号的火箭，这些火箭内部构造互不相同，而且都相当复杂。如 1970 年中国发射的"长征一号丁"火箭，它是一枚装有二度轨级的三级小型运载火箭。但是不管这些火箭内部构造有多复杂，其主要部分都可以归纳为壳体和燃料。壳体是圆筒形的，前端是封闭的尖端，后端有尾喷管，燃料燃烧产生的高温压燃气从尾喷管迅速喷出，火箭就向前飞去。

发射火箭由地面控制中心倒计数到零，便下令第一级火箭发动机点火。在震天动地的轰鸣声中，火箭拔地而起，冉冉上升。加速飞行段由此开始了，经过几十秒钟，运载火箭开始按预定程序缓慢向预定方向转变，100 多秒钟

后，在 70 千米左右高度，第一级火箭发动机关机分离，第二级接着点火，继续加速飞行，这时火箭已飞出稠密的大气层，可按程序抛掉卫星的整流罩。在火箭达到预定速度和高度时，第二级火箭发动机关机分离，至此加速飞行段结束。随后，运载火箭依靠已经获得的能量，在地球引力作用下，开始了惯性飞行段，直到与预定轨道相切的位置止。此时第三级火箭发动机点火，开始了最后加速段飞行。当加速到预定速度时，第三级发动机关机。至此，火箭的运载使命就全部完成了。

火箭飞行所能达到的最大速度，也就是燃料燃尽时获得的最终速度，主要取决两个条件：一是喷气速度，二是质量比（火箭开始飞行时的质量与燃料燃尽时的质量之比）。喷气速度越大，最终速度就越大，由于现代科学技术的条件下一级火箭的最终速度还达不到发射人造卫星所需要的速度，所以发射卫星要用多级火箭。

火箭的级数并不是越多越好，级数越多，构造越复杂，工作时间的可靠性就越差。火箭和喷气式飞机一样都是反冲的重要应用。为了提高喷气速度，需要使用高质量的燃料。当燃气从细口喷出或水从弯管流出时，它们具有动量。由动量守恒定律可知，盛燃气的容器就要向相反方向运动。火箭就是靠喷出气流的反冲作用获得巨大速度的。

▶▶▶ 知识点

整流罩

整流罩用于保护卫星及其他有效载荷，以防止卫星受气动力、气动加热及声振等有害环境的影响，是运载火箭的重要组成部分，卫星整流罩一般为蚌壳式（两半）结构，由端头、前锥段、圆筒段、倒锥段和纵向及横向分离机构等组成。

根据运载任务的不同，每种型号的运载火箭都具有一种或多种形状的卫星整流罩，如单星罩、双星罩、多星罩等。一种型号运载火箭也将具有多种形状的卫星整流罩，以满足不同发射任务的需求。

火箭是如何怎样分类的

火箭可按不同方法分类。按用途不同分为卫星运载火箭、布雷火箭、生物火箭、气象火箭、地球物理火箭、防雹火箭以及各类军用火箭等。按能源不同分为化学火箭、核火箭、电火箭以及光子火箭等。化学火箭又分为液体推进剂火箭、固体推进剂火箭和固液混合推进剂火箭。按有无控制分为有控火箭和无控火箭。按级数分为单级火箭和多级火箭。按射程分为近程火箭、中程火箭和远程火箭等。目前使用比较多的是化学能的多级运载火箭。火箭的分类方法虽然很多，但其组成部分及工作原理是基本相同的。

固态火箭跟液态火箭是现在常用的火箭。此外，还有混合火箭——就是用固体的燃料而用液体的氧化剂。另外，现今运载火箭大多包含了液态火箭跟固态火箭，也就是说，一个火箭可能第一节是固态的而第二节却是液态的。

火箭的基本组成部分有推进系统、箭体和有效载荷。有控火箭还装有制导系统。

火箭推进系统是火箭赖以飞行的动力源。其中火箭发动机按其性质，可分为化学火箭发动机、核火箭发动机、电火箭发动机和光子火箭发动机等。

现在广泛使用的是化学火箭发动机，它是依靠推进剂在燃烧室内进行化学反应释放出来的能量转化为推力的。推力与推进剂每秒消耗量之比称为"比冲"，它是发动机性能的主要指标，其高低与发动机设计、制造水平有关，但主要取决于所选用的推进剂的性能。火箭发动机的推力，是根据其特点和用途选定的，其大小相差很大，小到微牛顿，如电火箭发动机；大到十几兆牛顿，如美国航天飞机的固体火箭助推器。

常用的运载火箭按其所用的推进剂来分，可分为固体火箭、液体火箭和固液混合型火箭三种类型。如我国的"长征三号"运载火箭是一种三级液体火箭；"长征一号"运载火箭则是一种固液混合型的三级火箭，其第一级、第二级是液体火箭，第三级是固体火箭；美国的"飞马座"运载火箭则是一种三级固体火箭。如按级数来分，运载火箭又可分为单级火箭、多级火箭。其中多级火箭按级与级之间的连接形式来分，又可分为串联型、并联型（俗称"捆绑式"）、串并联混合型三种类型。

不管是固体运载火箭还是液体运载火箭，不管是单级运载火箭还是多级运载火箭，其主要的组成部分都有结构系统、动力装置系统和控制系统。这三大系统称为运载火箭的主系统，主系统工作的可靠与否，将直接影响运载火箭飞行的成败。此外，运载火箭上还有一些不直接影响飞行成败并由箭上设备与地面设备共同组成的系统，例如遥测系统、外弹道测量系统、安全系统和瞄准系统等。

箭体结构是运载火箭的基体，它用来维持火箭的外形，承受火箭在地面运输、发射操作和在飞行中作用在火箭上的各种载荷，安装连接火箭各系统的所有仪器、设备，把箭上所有系统、组件连接组合成一个整体。

箭体用来安装和连接火箭各个系统，并容纳推进剂。箭体除要求具有良好的空气动力外形外，还要求在既定功能不变的前提下，质量越轻越好，体积越小越好。在起飞质量一定时，结构质量轻，则可获得较大的飞行速度或射程。

运载火箭的有效载荷有人造卫星、飞船和空间探测器等航天器。火箭武器的有效载荷就是战斗部（弹头）。

动力装置系统是推动运载火箭飞行并获得一定速度的装置。对液体火箭来说，动力装置系统由推进剂输送、增压系统和液体火箭发动机两大部分组成。固体火箭的动力装置系统较简单，它的主要部分就是固体火箭发动机推进剂直接装在发动机的燃烧室壳体内。

控制系统是用来控制运载火箭沿预定轨道正常可靠飞行的部分。控制系统由制导和导航系统、姿态控制系统、电源供配电和时序控制系统三大部分组成。制导和导航系统的功用是控制运载火箭按预定的轨道运动，把有效载荷送到预定的空间位置并使之准确进入轨道。姿态控制系统（又称"姿态稳定系统"）的功用是纠正运载火箭飞行中的俯仰、偏航、滚动误差，使之保持正确的飞行姿态。电源供配电和时序控制系统则按预定飞行时序实施供配电控制。

遥测系统的功用是把运载火箭飞行中各系统的工作参数及环境参数测量下来，通过运载火箭上的无线电发射机将这些参数送回地面，由地面接收机接收；也可以将测量所得的参数记录在运载火箭上的磁记录器上，在地面回收磁记录器。这些测量参数既可用来预报航天器入轨时的轨道参数，又可用来鉴定和改进运载火箭的性能。一旦运载火箭在飞行中出现故障，这些参数就是故障分析的依据。

外弹道测量系统的功用是利用地面的光学和无线电设备与装在运载火箭上的对应装置一起对飞行中的运载火箭进行跟踪，并测量其飞行参数，用来预报航天器入轨时的轨道参数，也可用来作为鉴定制导系统的精度和故障分析依据。

安全系统的功用是当运载火箭在飞行中一旦出现故障不能继续飞行时，将其在空中炸毁，避免运载火箭坠落时给地面造成灾难性的危害。安全系统包括运载火箭上的自毁系统和地面的无线电安全系统两部分。箭上的自毁系统由测量装置、计算机和爆炸装置组成。当运载火箭的飞行姿态、飞行速度超出允许的范围，计算机发出引爆爆炸装置的指令，使运载火箭在空中自毁。无线电安全系统则是由地面雷达测量运载火箭的飞行轨道，当运载火箭的飞行超出预先规定的安全范围时，由地面发出引爆箭上爆炸装置的指令，由箭

上的接收机接收后将火箭在空中炸毁。

瞄准系统的功用是给运载火箭在发射前进行初始方位定向。瞄准系统由地面瞄准设备和运载火箭上的瞄准设备共同组成。

为成功地发射火箭，还必须有地面发射设备和发射设施。地面发射设备有大有小。小的可手提肩扛，如便携式防空火箭和反坦克火箭的发射筒（架）；大的如卫星运载火箭，则需有固定的发射场和庞大的发射设施，以及飞行跟踪测控台站等。

知识点

空间探测器

空间探测器又称深空探测器或宇宙探测器，是对月球和月球以外的天体和空间进行探测的主要工具。空间探测器装载科学探测仪器，由运载火箭送入太空，飞近月球或行星进行近距离观测，做人造卫星进行长期观测，着陆进行实地考察，或采集样品进行研究分析。

空间探测器的显著特点是，在空间进行长期飞行，地面不能进行实时遥控，所以必须具备自主导航能力；向太阳系外行星飞行，远离太阳，不能采用太阳能电池阵，而必须采用核能源系统；承受十分严酷的空间环境条件，需要采用特殊防护结构；在月球或行星表面着陆或行走，需要一些特殊形式的结构。

争奇斗艳的运载火箭

ZHENGQI DOUYAN DE YUNZAI HUOJIAN

运载火箭是第二次世界大战后在导弹的基础上开始发展的。第一枚成功发射卫星的运载火箭是前苏联用洲际导弹改装的。从 20 世纪 60 年代至今的半个多世纪时间里，全球共进行了大约 4500 多次轨道发射，把 1 万余个卫星、飞船、实验设备、探测器、着陆器和其他航天器送上各类飞行轨道、地外星球。

世界主要的运载火箭有"大力神"号运载火箭、"德尔它"号运载火箭、"土星"号运载火箭、"东方"号运载火箭、"宇宙"号运载火箭、"能源"号运载火箭等。这些火箭堪称一朵朵美丽的奇葩，在世界航天史上争奇斗艳。

开创航天新纪元

前苏联"东方号"（ракета-носитель "Восток"）系列运载火箭是世界上第一种载人航天运载工具，它开创了人类航天的新纪元，创造了多个"世界第一"：发射了第一颗人造卫星、第一颗月球探测器、第一颗金星探测器、第

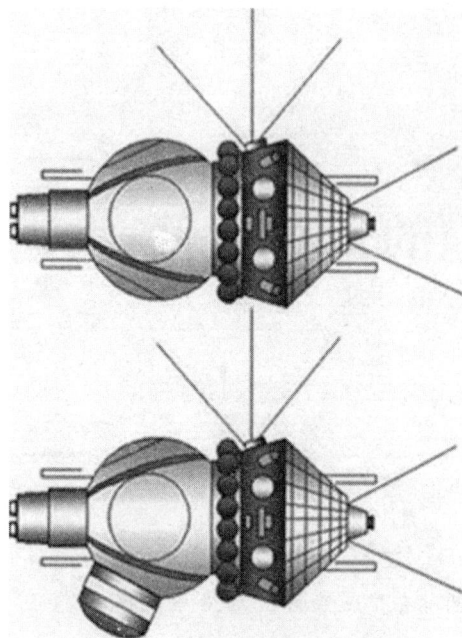

"上升号"结构图

一颗火星探测器、第一艘载人飞船、第一艘无人载货飞船等。

该系列主要包括"卫星号"、"月球号"、"东方号"、"上升号"、"联盟号"、"进步号"和"闪电号"等型号。后四种火箭又构成了"联盟号"子系列，其中"上升号"是"联盟号"的初始型号，"进步号"是"联盟号"用于发射无人货运飞船的基本型，"闪电号"是三级"联盟号"火箭的别名。"东方号"系列是目前世界上发射次数最多的运载火箭系列。"联盟号"是"东方号"的一个子系列，主要发射"联盟号"载人飞船、"进步号"载货飞船。

"卫星号"火箭

"卫星号"是"东方号"系列的第一种型号，是在P－7洲际弹道导弹的基础上改进而来的。它奠定了前苏联航天运载工具发展的基础。该火箭由芯级火箭和4台侧挂助推火箭并联捆绑而成，全长29.17米，最大直径10.3米，起飞质量达267吨，低地轨道有效载荷能力1327千克。为了控制航向，火箭另外安装了12台可摆动的小型游动发动机。火箭发射时，5台发动机同时点火工作。飞行中，4台助推火箭先行熄火和分离，芯级发动机继续工作，直到把卫星送入轨道。"卫星号"火箭成功发射了3颗人造卫星。1957年10月4日，它成功地发射了世界上第一颗人造地球卫星。以"卫星号"为基础，加上不同的上面级，就构成了"东方号"系列中的其他型号。

"月球号"

"月球号"是"东方号"系列的第二种型号,因发射"月球号"探测器而得名。它是世界上第一种发射月球探测器的火箭,因而也是第一种达到第二宇宙速度的运载火箭。它是在"卫星号"的基础上增加一个上面级改型而成的,全长33.5米,最大直径10.3米,环月轨道运载能力为360千克。它主要

"月球号"月球探测器

用于发射"月球号"探测器。1958年5月1日首次发射失败,次年1月2日首次成功地把"月球一号"探测器送入离月球最近距离为5000千米的日心轨道,使其成为第一颗人造行星。1959年9月12日,它又将"月球二号"探测器送到月球,首次实现月球表面硬着陆。

"东方号"火箭

"东方号"火箭

"东方号"是世界上第一种载人航天运载火箭。它由"卫星号"和"月球号"发展而来,主要是增加了一子级的推进剂质量和提高了二子级发动机的性能。"东方号"火箭全长38.4米,最大直径10.3米,低地轨道运载能力为4730千克,太阳同步轨道运载能力为1150千克。中心的两级火箭,一子级长28.75米,二子级长2.98米,呈圆筒形状。发射时,芯级火箭发动机和4台助推火箭发动机同时点火。大约两分钟后,助推火箭分离脱落,主火箭继续工作两分钟

后，也熄火脱落。接着末级火箭点火工作，直到把有效载荷送入绕地球的轨道。1960年5月15日，"东方号"首次成功地进行了不载人卫星式飞船的发射。

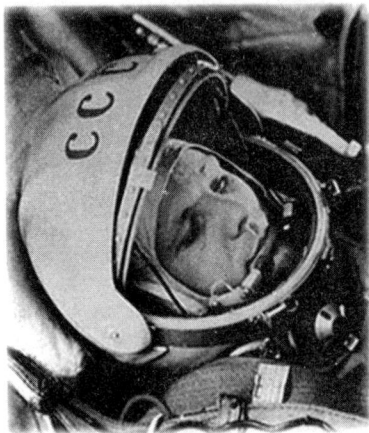

加加林

"东方号"火箭是因发射"东方号"宇宙飞船而得名的，1961年4月12日，"东方号"宇宙飞船把世界上第一位宇航员尤里·阿列克谢耶维奇·加加林（Юрий Алексеевич Гагарин）送上地球轨道飞行，并安全返回地面。这是人类成功发射的第一艘载人飞船，开创了载人航天的新纪元。到1963年6月16日，它共发射运载6艘载人飞船。其后，"东方号"主要用于发射侦察、气象和地球资源卫星等。到1988年12月，它共发射149次，失败3次。

历史上，"东方号"曾发生过两次严重的爆炸事故，造成215人丧生。一次是1960年10月24日，"东方号"在拜科努尔发射场41号发射台准备发射月球探测器时发生爆炸，包括前苏联国防部副部长、火箭部队司令涅杰林元帅（Маршал Неделин）以及在场的工程技术人员共计165人全部丧生。另一次是1980年3月18日，"东方号"在普列谢茨克发射场的发射台上加注推进剂并进行最后测试时再次发生爆炸，造成50名士兵死亡。

"联盟号"火箭

"联盟号（Союз）"是一种多用途两级运载火箭，是"联盟号"子系列中的两级型火箭，是通过挖掘"东方号"火箭一子级的潜力和采用新的更大推力的二子级研制而成。因发射"联盟号"载人飞船而得名。它是在"东方号"的基础上发展起来的，全长49.5米，最大直径10.3米，起飞重量310吨，低地轨道运载能力约为7.2吨。

1963年11月16日，"联盟号"首次成功地将一颗照相侦察卫星送入轨道。"联盟号"火箭使用频繁，每年大约要发射40次，原来主要用于发射军用侦察卫星、载人或不载人的"联盟号"飞船和"进步号"无人货运飞船。"联盟号"目前仍在使用之中，并用于商业发射，包括发射"全球星"移动通信卫星系统的多颗卫星。

"联盟"系列飞船

"闪电号"火箭

"闪电号"是"东方号"系列中的第一个三级型号，也是发射世界上第一颗金星探测器及第一颗火星探测器的运载火箭。"闪电号"由两级的"联盟号"增加一级上面级构成，因1965年4月发射"闪电号"通信卫星而得名，现已成为三级"联盟号"火箭的代称。

"闪电号"全长43.3米，芯级最大直径10.3米，起飞重量300吨，运载能力为："闪电号"卫星1600千克（近地点400千米，远地点40000千米）；预报号卫星900千克（近地点200千米，远地点200000千米）；月球探测器1620千克；金星探测器1180千克；水星探测器950千克。

火星探测器

"闪电号"第一、二次发射均告失败。1961年2月

29

4 日成功发射了前苏联第7 颗人造卫星，创造了当时低地轨道 6483 千克运载能力的世界纪录。1961 年 2 月 12 日它成功发射了世界上第一颗金星探测器；1962 年 11 月 1 日它又成功发射了世界上第一颗火星探测器。"闪电号"主要用于发射各种空间探测器、"闪电号"通信卫星和预警卫星等，曾发射了 7 颗金星号探测器、10 颗"月球号"探测器和 1 颗"火星号"探测器。

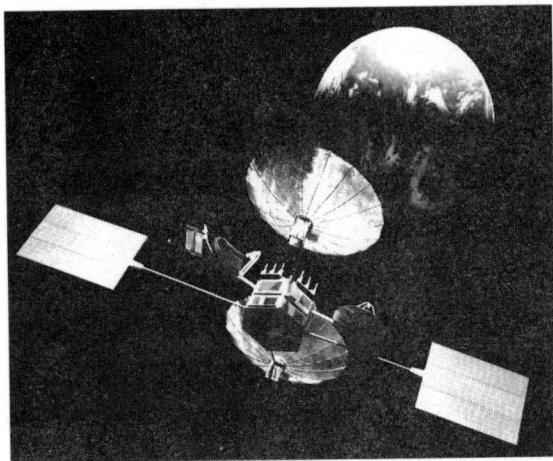

载人飞船

　　载人飞船是能保障航天员在外层空间生活和工作以执行航天任务并返回地面的航天器，又称宇宙飞船。载人飞船可以独立进行航天活动，也可用为往返于地面和空间站之间的"渡船"，还能与空间站或其他航天器对接后进行联合飞行。载人飞船容积较小，受到所载消耗性物质数量的限制，不具备再补给的能力，而且不能重复使用。1961 年前苏联发射了第一艘东方号飞船，后来又发射了上升号和联盟号飞船。美国也相继发射了水星号、双子星座号、阿波罗号等载人飞船。

导弹孕育出的"雷神"

"雷神（Raytheon）"是美国道格拉斯飞机公司研制的第一代战略导弹，是美国空军一级液体燃料单弹头中程弹道导弹，属于地地中程导弹。1955年底研制工作开始，1956年7月定型，1957年试飞成功，1959年10月装备美国空军。

1963年4月，"雷神"导弹退役后，被用作运载火箭的第一级（芯级），下部捆绑固体助推器，顶部串联不同的上面级，先后研制使用了20多个型号，形成了一个比较完整的运载火箭系列。

"雷神"火箭被用作美国各种型号的"雷神—德尔它"系列运载火箭的第一级。能把重约1800千克的人造地球卫星发射到300～400千米高的轨道上。

"雷神"系列运载火箭是在"雷神"中程弹道导弹的基础上发展起来的，主要用来发射军用卫星和早期的航天探测器，也发射过宇航局的一些科学及应用卫星。该系列包括"雷神—艾布尔"、"雷神—艾布尔星"、"雷神—博纳"、加大推力的"雷神—阿金纳"等型号。

"雷神"的战术技术性能数据表

全长	19.8米	直径	2.24米
最大射程	3200千米	起飞重量	49.9吨
弹头型号	W－35或W－49式	弹头重量	1800千克
核弹当量	500000吨	反应时间	15分钟
命中精度	4000～8000米	发射方式	地下发射井

"雷神—艾布尔"型是三级运载火箭，综合了"雷神"中程导弹和"先锋号"火箭两者的技术，一子级是"雷神"中程弹道导弹的改型，代号为DM－18；二子级是"先锋号"运载火箭二子级的改型；三子级是固体火箭，采用阿勒格尼弹道实验室的X－248A7型动力装置。箭长27.28米，最大直径

2.44 米。

　　"雷神—艾布尔星"是"雷神—艾布尔"的改进型，该火箭运载能力增大，长度缩短，结构简化，可靠性增强。该箭长 24.11 米，最大直径 2.44 米。

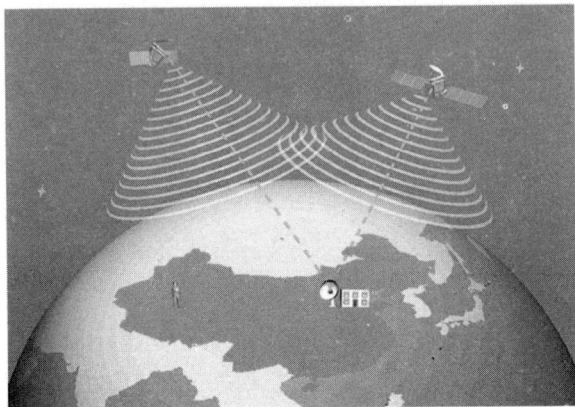

　　"雷神—博纳"箭长 21.56 米，最大直径 2.44 米，是为美国空军发射中、小型卫星而设计的。

　　"加大推力雷神—阿金纳 D"型火箭长 29 米，最大直径为 2.44 米，是为发射大质量侦察卫星而研制的，1963 年在"雷神"基础级上增加了三台固体助推器，并与"阿金纳 D"的上面级组合而成的。1966 年，通过增加贮箱长度，形成"长贮箱加大推力雷神"基础级。

知识点

中程弹道导弹

　　中程弹道导弹，是将弹道导弹依射程进行分类时的一个子类。通常它的范围被限定为地对地导弹。按照一般的定义，中程弹道导弹是指射程在 3000～5500 千米之间的地对地弹道导弹。这个分类是很模糊的，因为射程较远的中程导弹与射程较短的洲际导弹之间没有什么本质性区别，而且，各国对于中程弹道导弹的射程范围的定义也不尽相同。研制中程弹道导弹可能成为一国研制洲际导弹的中间步骤。

火箭常青树:"宇宙神"

　　"宇宙神"是美国最早应用的一种液体洲际弹道导弹,射程 1.8 万千米以上,总推力为 1.7 兆牛顿。1959 年装备部队,1965 年被"民兵"洲际导弹取代后被用作运载火箭的芯级,与不同的上面级组合形成运载火箭系列。

　　1959 年 10 月,洛马公司成功研制 SM - 65/CGM - 16"宇宙神"地对地洲际弹道导弹,并于 1960 年正式装备美空军。但由于该型导弹存在对推进剂要求高、燃料填装耗时长、防护能力差等弱点,因此其在服役数年后即由第二代洲际弹道导弹所代替,而原有导弹则改装为运载火箭用于发展航天计划。

　　"宇宙神(Atlas)"系列运载火箭主要有"宇宙神/半人马座"、"宇宙神 - 1"、"宇宙神 - 2"、"宇宙神 - 3"、"宇宙神 - 5"等型号。

"宇宙神"运载火箭

"宇宙神/半人马座"运载火箭

"宇宙神"运载火箭

　　"宇宙神/半人马座"运载火箭主要为美空军发射军事卫星,执行 NASA 的载人航天飞行与太阳系探测的发射任务。该型火箭是以"宇宙神 D"导弹为基础发展而成的,可以把 1800 千克的有效载荷送入 180 千米的太空轨道。

　　1960 年 1 月 31 日,"宇宙神/半人马座"火箭第一次执行发射任务,

1989 年 9 月 25 日最后一次为美空军发射军事卫星，前后共进行了 68 次发射，失败 11 次，任务成功率为 83.82%。

"宇宙神 - 1" 运载火箭

"宇宙神 - 1" 运载火箭是由原 "宇宙神/半人马座" 号运载火箭改进而成的，因为考虑成本问题，两者基本组件相同，但对其导引控制系统进行了重大改进，重点是有可替换的模块化飞行控制单元及与飞行电脑联结的数据总线。

1990 年 7 月 25 日，"宇宙神 - 1" 运载火箭首次发射，将可观察地球磁场变化的 "辐射综合效应观测卫星" 送入轨道。随后为执行美空军和 NASA 的发射任务共制造了 18 枚 "宇宙神 - 1" 运载火箭。1997 年 4 月 25 日，"宇宙神 - 1" 运载火箭成功进行了最后一次航天发射。

"宇宙神 - 1" 运载火箭共执行 11 次航天发射任务，8 次成功，3 次失败，任务成功率为 72.73%。

"宇宙神 - 2" 运载火箭

1988 年 5 月，美国空军与通用动力公司签署了第二代军用发射工具的研发合同，主要希望为美国防部发射通信卫星，并可满足商业发射需求，这即是 "宇宙神 - 2" 系列运载火箭的发展基础。

"宇宙神 - 2" 运载火箭是美空军使用最为广泛的运载火箭，任务成功率为 100%，并连续 63 次发射成功。"宇宙神 - 2" 运载火箭由美国通用动力公司研制生产，是从 20 世纪 50 年代研制的 "宇宙神" 洲际导弹发展而来。它包含 3 个子型号："宇宙神 - 2"，"宇宙神 - 2A" 和 "宇宙神 - 2AS"。其中改进型火箭 "宇宙神 - 2A" 和 "宇宙神 - 2AS" 的有效载荷分别达 3066 千克和 3719 千克。最新型的 "宇宙神 - 2AS" 火箭于 1993 年 12 月 15 日进行了首次发射。

"宇宙神 - 2" 是 "宇宙神" 火箭系列中最后一个在助推级上采用 "一级半" 结构的成员，这种独特的结构是从其原型 "宇宙神" 式洲际导弹的设计中继承下来的。在一级半结构中，助推级总共有三台发动机，其中两台（助推器）在上升过程中被抛弃，但其燃料箱和伺服①机构则不与箭体分离。

"宇宙神 – 2"系列中运载能力最大的型号是改进后的"宇宙神 – 2AS"，它是在芯级周围捆绑了 4 枚"卡斯托 – 4A"助推器的型号。

在 1988 年到 2004 年间，"宇宙神 – 2"的所有型号总共发射了 63 次，其中"宇宙神 – 2"基本型 10 次，"宇宙神 – 2A"23 次，"宇宙神 – 2AS"20 次。

"宇宙神 – 2"的技术性能数据

所属国家/组织	美　　国
研制单位	通用动力
生产单位	通用动力/洛克希德·马丁
外形和质量参数	
全长	47.54 米
芯级最大直径	3.04 米
起飞质量	204300 千克
助推器	
名称	全部型号：MA – 5 2AS：Castor 4A
数量	全部型号：1 台 2AS：4 台
发动机	MA – 5：2 台 RS – 56 – OBA 卡斯托 – 4A：1 台卡斯托 – 4A
推进剂	RS – 56 – OBA：煤油/液氧 卡斯托 – 4A：固体推进剂
单台发动机推力	RS – 56 – OBA：920.8kN（海平面） 卡斯托 – 4A：478.3kN（真空）

① 全称伺服驱动系统，是一种以机械位置或角度作为控制对象的自动控制系统，例如数控车床等。

续　表

所属国家/组织	美　国
助推器推力	MA－5：2093.3 千牛（真空） 卡斯托－4A：478.3 千牛（真空）
工作时间	MA－5：172s 卡斯托－4A：56 秒
比冲	MA－5：299 秒 卡斯托－4A：266 秒
第一级	
发动机	1 台 RS－56－OSA
推进剂	煤油/液氧
单台推力	386 千牛
工作时间	283 秒
比冲	316 秒
第二级	
名称	半人马座
发动机	2 台 RL－10A
推进剂	液氢/液氧
单台推力	147 千牛
工作时间	392 秒
比冲	449 秒
第三级	
名称	IABS（可选）
发动机	1 台 R－4D
推进剂	一甲基肼/四氧化二氮
单台推力	980 牛
工作时间	60 秒
比冲	312 秒

续　表

所属国家/组织	美　　国
运载能力	
近地轨道	6580 千克 2AS：8618 千克
地球同步轨道	2810 千克 2AS：3719 千克

"宇宙神 – 3"运载火箭

"宇宙神"系列运载火箭自"宇宙神 – 3"起，开始由国际卫星发射服务公司负责发射招商业务及火箭研发工作。它是美国洛马公司为提高商业发射市场竞争力和可靠性、降低发射成本，于 20 世纪 90 年代后期开始研制的新型运载火箭。

"宇宙神 – 3"由"宇宙神 – 2"运载火箭改进而成，由以 RD – 180 液体发动机为核心的"宇宙神"主级、改装的"半人马座"上面级、惯性制导系统、整流罩等主要部分组成，采用无毒的液氧/煤油和液氢/液氧为推进剂，地球转移轨道（GTO）的运载能力为 3700～4500 千克。

"宇宙神 – 3"火箭装备有俄罗斯制造的 RD – 180 型发动机，目前有两种型号，即"宇宙神 – 3A"和"宇宙神 – 3B"。两种型号的区别在于 3A 型使用 RL10A – 4 – 1 单发动机"半人马座"上面级，而

"宇宙神 – 3"火箭

37

3B 型的上面级使用加长贮箱，并可选用一个或两个 RL10A－4－2 发动机，有效载荷分别可达 4037 千克和 4500 千克。

洛马公司的"宇宙神－3"火箭计划将生产 29 枚 3A 和 3B 型火箭，其商业发射计划和服务由国际发射服务公司（ILS）承担。2000 年 5 月 24 日，"宇宙神－3A"运载火箭进行首次发射，成功地将欧洲通信卫星公司的一颗通讯卫星送入预定轨道。"宇宙神－3"未来还计划进行 50 次连续成功发射。

"宇宙神－5"运载火箭

根据"改进型一次性运载火箭"计划（EELV），美国于 1995 年开始了"宇宙神－5"系列运载火箭的研制工作，其目的是寻求一种使用方便、费用较低的运载火箭。要求是能够将中型及重型卫星发射至地球同步轨道和低层转移地球同步轨道。

"宇宙神－5"由"宇宙神－3"运载火箭改装而成。除了具有较高的飞行技术性能之外，"宇宙神－5"运载火箭还具有良好的使用参数。例如，生产一枚"宇宙神－5"运载火箭的整个周期为 15 个月左右，发射准备周期总共为 15～21 昼夜（其中在发射场的时间近 2 昼夜）。而"大力神－4"运载火箭的相应参数分别为 36 个月，150～240 昼夜（其中在发射场的时间近 90 昼夜）；"宇宙神－2AS"运载火箭相应的参数分别为 24 个月，42～57 昼夜（其中在发射场的时间近 38 昼夜）。

"宇宙神－5"运载火箭

"宇宙神－5"型两级运载火箭是洛马公司"宇宙神"火箭家族的最新成员，高约59米，研制费用超过了10亿美元。该型火箭推力强大，低轨道运载能力达20吨，与上一代火箭相比提高了1倍。该型火箭的另一个特点是发射准备时间短，只需提前12小时送上发射台即可，而一般火箭则需要提前几周甚至数月。此外，这种火箭发射时不用庞大的发射塔，只需一座发射架，并可在大风的条件下发射。

2002年8月21日，"宇宙神－5"型火箭在卡纳维拉尔角基地首次发射成功，将欧洲的一枚通信卫星送入了预定轨道。

2005年2月3日，一枚"宇宙神－3"型火箭从佛罗里达州的卡纳维拉尔角空军基地发射升空，将美国军方的一颗秘密间谍卫星送入了太空轨道。据悉，这是"宇宙神－3"型火箭最后一次执行发射任务。此次发射不仅标志着"宇宙神－3"型火箭的退役，也宣告卡纳维拉尔角空军基地36号发射场正式完成了历史使命。

●···➤➤ 知识点

间谍卫星

间谍卫星又称侦察卫星，是用于获取军事情报的军用卫星。侦察卫星利用所载的光电遥感器、雷达或无线电接收机等侦察设备，从轨道上对目标实施侦察、监视或跟踪，以获取地面、海洋或空中目标辐射、反射或发射的电磁波信息，用胶片、磁带等记录器存储于返回舱内，在地面回收或通过无线电传输方式发送到地面接收站，经过光学、电子设备和计算机加工处理，从中提取有价值的军事情报。

名不虚传的"大力神"

"大力神"导弹是美国液体洲际弹道导弹的一种，它的研制时间比"宇

"大力神"运载火箭

宙神"晚一年多。共发展了两种型号："大力神－5"射程11700千米，1962年4月装备部队，1965年全部退役；"大力神－2"射程13400千米，1963年开始装备部队，直到1987年才全部退役，退役后也被改装成运载火箭系列。

美国的"大力神（Titan）"系列运载火箭是以洲际弹道导弹"大力神－2"为基础发展起来的，主要包括"大力神－2"、"大力神－3"、"大力神－34"、"大力神－4"、"商业大力神－3"、"大力神－5"等子系列火箭。

"大力神－2"运载火箭

"大力神－2"是美国第二代战略导弹，主要用于攻击地面目标，如大型硬目标、核武器库等，空军最大的两级液体燃料单弹头洲际弹道导弹，双目标选择能力，配装陆基武器中最大的核弹头，对软目标（人口中心、工业）造成破坏最大。

1960年6月由马丁公司（主承包）研制，1963年12月首次部署。在堪萨斯州（381战略导弹联队）、亚利桑那州（390战略导弹联队）、阿肯色州（308战略导弹联队）共部署54枚。

从1982年10月起，"大力神－

"大力神"运载火箭

2"开始执行退役计划，以每月一枚导弹的速度撤出，1987年底全部退役。

"大力神－2"系列火箭有"大力神－2LV－4"、"大力神－2SLV"、"大力神－2S"等几种型号。"大力神－2LV－4"是为"双子星座"载人飞船计划而服务，火箭长33.22米，最大直径3.05米。

截至1994年底，该系列火箭共执行17次任务，成功率100%。

"大力神－2"的技术性能数据表

全长	31.3米
直径	3.05米（最大）
最大射程	11660～15001千米
起飞重量	149.7吨
弹头型号	W－53/MK－6式
弹头重量	3402/3753千克
核弹当量	1000000吨
命中精度	1296～1480米
反应时间	1分钟
发射方式	地下井发射

"大力神－2LV－4"是在洲际导弹"大力神－2"的基础上发展起来的，1962年初开始改型。它是为"双子星座"载人飞船计划服务的，也是"大力神"系列最早投入使用的火箭。"大力神－2LV－4"火箭又称"双子星座运载火箭"。"双子星座－大力神－2"虽然属于航空航天局的民用计划，但是美国空军不仅直接参与火箭的研制与发射，而且还利用"双子星座"飞船的10余次飞行，进行了各种科学试验。

航空航天局选用"大力神－2"作"双子星座"飞船运载工具的原因有：第一，"大力神－2"是当时美国运载能力最大的火箭，只有它具有发射"双子星座"飞船的能力；第二，"大力神－2"采用可贮推进剂，便于操作、处理，并具有长时间停放和随时发射的特点，适合于载人飞行和完成空间会合对接任务。

"大力神34 – D"运载火箭

载人飞行需要满足以下4项要求：

（1）适应人的生理特点；

（2）提高可靠性，保障飞行绝对安全；

（3）发生灾难性故障时宇航员能及时脱险；

（4）改善火箭性能，提高任务成功率。

为满足以上4项要求，对"大力神 – 2"采取了11项改进措施：

（1）增设故障探测系统；

（2）改用冗余制导和控制系统；

（3）改用冗余电源系统；

（4）一子级改用冗余液压系统；

（5）用"水星"计划的无线电制导系统代替原"大力神 – 2"的惯性制导系统；

（6）改进推进系统；

（7）改进发射场飞行中止系统；

（8）改进测量系统；

（9）二子级氧化剂箱前增设用于对接飞船的前裙段；

（10）改进二子级仪器架；

（11）取消反推火箭和游动发动机。

"大力神 – 2LV – 4"从卡纳维拉尔角10号工位发射，1964年4月8日首次飞行，截至1966年11月共进行 12 次飞行，成功率100%，1966年底停止使用。

双子星座

0 "大力神 – 2LV – 4"的主要技术性能表

级数	2
起飞推力	1921.7 千牛
全长	33.22 米
推重比	1.315
最大直径	3.05 米
运载能力	483 千米轨道 3.62 吨
起飞质量	148.31 吨
一子级	
级长	21.64 米
地面推力	1912.7 千牛
直径	3.05 米
地面比冲	2893 牛·秒/千克
发动机	2XLR – 87 – AJ – 7
真空比冲	2932.2 牛·秒/千克
推进剂	四氧化二氮/混肼50
工作时间	~150 秒
二子级	
级长	5.79 米
真空推力	444.8 千牛
直径	3.05 米
真空比冲	3069.5 牛·秒/千克
发动机	1XLR – 91 – AJ – 7
工作时间	~180 秒
推进剂	四氧化二氮/混肼50

"大力神-3"运载火箭

"大力神-3"系列火箭由美国国防部主持研制,有A、B、C、D、E五种型号,可发射各种轨道卫星,有代表性的是"大力神-3C"火箭。该火箭由"大力神-3A"发展而来,主要用于发射军用同步轨道卫星。火箭最长50.6米,最大直径9.7米。

"大力神-3"是美国国防部主持研制的第一种航天运载器。1961年提出设想,1962年12月开始研制,1964年9月进行首次发射。到1983年6月,"大力神-3"系列火箭执行最后一次任务为止,共发射126次,失败9次,成功率92.86%。

"大力神-3"系列共有A、B、C、D、E五种型号。该系列火箭可作单星或多星发射。发射的有效载荷有近地轨道、极轨道、地球同步轨道、高椭圆轨道、日心轨道等各种卫星。

"大力神-3A"是"大力神-2"运载火箭的改型,由换用了LR-87-AJ—9和LR-91-AJ-9发动机的"大力神-2"一、二子级和新的上面级——过渡级组成。火箭于1964年9月1日首飞,飞行4次后由"大力神-3B"取代。飞行失败一次,成功率75%。

"大力神-3"的主要技术性能表

级数	3
起飞推力	1912.7千牛
全长	39.2米
推重比	1.15
最大直径	3.05米
运载能力	185千米圆轨道3.3吨
起飞质量	≈169吨

一子级	
级长	22.18 米
推进剂	四氧化二氮/混肼 50
直径	3.05 米
地面推力	1912.7 千牛
发动机	2×LR－87－AJ－9
工作时间	149 秒
二子级	
级长	8.56 米
推进剂	四氧化二氮/混肼 50
直径	3.05 米
真空推力	444.8 千牛
发动机	1×LR－91－AJ－9 工作时间 206 秒
三子级	
级长	4.48 米
推进剂	四氧化二氮/混肼 56
直径	3.05 米
真空推力	71.7 千牛
子级质量	12.47 吨
真空比冲	2961.61 牛/秒/千克
结构质量	1.99 吨
工作时间	430 秒
发动机	2×AJl0－138

"大力神－4"运载火箭

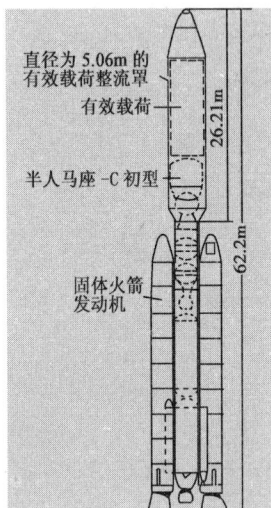

"大力神 4 号－半人马座"火箭

"大力神－4"系列火箭是"大力神34D"的改型，系美国空军预备在航天飞机不能满足军需时使用的火箭。主要用于发射太阳同步轨道大型军用卫星及其他军用卫星。

"大力神－4"原名"大力神34D7"，是"大力神34D"的改型，由3.1米直径7节药柱或3.2米直径3节药柱固体助推器、加长的"大力神34D"一、二子级和5.08米直径整流罩组成。火箭也可与"半人马座G"或惯性上面级配合使用，发射各种高轨道卫星。经各种组合后共有"大力神－4NUS（Ⅰ型）"、"大力神－4NUS（Ⅱ型）"、"大力神－4/半人马座G（Ⅰ型）"、"大力神4/半人马座G（Ⅰ型）"和"大力神－4/惯性上面级"5种型号。

大力神－4运载能力

轨道	二级火箭		三级火箭		
	助推器		助推器及三子级		
	CSD①	H②	CSD＋半人马座	H＋半人马座	CSD＋惯性上面级
			（千克）		
28.6°倾角近地轨道	17740	21550			
地球同步轨道			4540	5670	2313
太阳同步轨道			14515		
空间站转移轨道（28.5°倾角370千米）	18770				
深空任务（20.5 千米²/秒）				5200	

①CSD——联合技术公司7节药柱固体助推器；
②H——赫克里士公司3节药柱固体助推器。

"大力神－4"初期使用由联合技术公司化学系统部提供的钢壳7节药柱固体助推器，后期采用赫克里士公司的纤维缠绕石墨复合材料壳体高性能端羟基聚丁二烯三节药柱固体助推器，使火箭运载能力提高25％。

火箭采用麦克唐纳－道格拉斯公司的机械铣切等边三角形网格结构整流罩。分离时柔性爆炸引信和12个爆炸螺栓在0.2秒内，以4.6米/秒速度将整流罩分为3个部分。引信爆炸产生的气体和碎片收入波纹管内，防止污染卫星。火箭采用数字惯性制导系统和三轴姿态稳定系统。

"大力神－4"于1984年开始研制，是空军在航天飞机不能满足军用需求时使用的火箭。1986年美国航天飞机失事后，空军将"大力神－4"的订货从原来的10枚增为23枚，1989年又增补26枚，现已被定为美国空军20世纪90年代的主要大型军用火箭，1990～1995年期间的年发射率原定为8～10发。火箭主要用于发射太阳同步轨道大型军用卫星KH－12、地球同步轨道大型电子情报卫星ELINT、导弹早期预警卫星DSP、三期国防通信卫星和SDI试验件等，它也将用于NASA深空发射和空间站运输等任务。

"大力神－4"运载火箭主要技能表

火箭 性能	大力神－4 NUS Ⅰ	大力神－4 NUS Ⅱ	大力神－4 半人马座 G Ⅰ	大力神－4 半人马座 G Ⅱ	大力神－4 惯性上面级
级数	2	2	3	3	3
最大直径（米）	9.82	10.0	9.82	10.0	9.82
全长（米）			63.14		53.99
起飞质量（吨）	855.9	929.9	899	936	868
起飞推力（千牛）	14700	15124	14700	15124	14700
推重比	1.75	1.66	1.69	1.65	1.73

大力神火箭于1989年6月14日进行首次发射，将导弹早期预警卫星DSD送入地球同步轨道，截至1994年底共发射11次，失败一次，成功率90.9％。

"德尔它"：用事实证明实力

美国"德尔它"火箭

美国"德尔它（Delta）"系列运载火箭于 1960 年 5 月 13 日首次发射，迄今为止已发展了 19 种型号，目前正在使用的是"德尔它 - 2"和"德尔它 - 3"两种型号。美国空军的全部 GPS 卫星都是由"德尔它 - 2"发射的。"德尔它 - 3"是在"德尔它 - 2"的基础上研制的大型运载火箭，可以把 3.8 吨的有效载荷送入地球同步转移轨道。"德尔它 - 3"于 2000 年 8 月发射成功。美国还正在研制具有多种配置的"德尔它 - 4"子系列，其中的重型"德尔它 - 4"的地球同步转移轨道运载能力在 13 吨以上。

"德尔它"火箭是在"雷神"中程弹道导弹基础上发展起来的运载火箭。它是世界上型号最多、改型最快的火箭系列。其发射次数居美国之首，已经研制了近 40 种火箭型号，承担了美国近 18% 的卫星发射任务。它发射了世界上第一颗地球同步轨道卫星。

该型火箭因具有较强的适应性而得到广泛应用，已将 200 多颗不同用途的卫星和试验物送入轨道。这些卫星中有近地、极地和高椭圆轨道卫星，也有地球同步、太阳同步、日心和月心轨道卫星；有通信、导航、气象卫星，也有科学、对地观测和各种特殊用途的卫星。

美国"德尔它"火箭

　　它不仅是美国使用次数最多的运载火箭，而且已多次为英国、加拿人、日本、印度尼西亚、印度等国以及国际通信卫星组织、北大西洋公约组织、欧洲航天局等发射卫星。

美国"德尔它"系列运载火箭

　　"德尔它"运载火箭被美国国家航空航天局预定为导弹至运载火箭的过渡时期的运载火箭，在 1960～1961 年应用于通讯气象科学月球探测等项目。该计划试图以其他火箭取代"德尔它"运载火箭旧有的设计，并不是加强"德尔它"运载火箭的性能，而是增加其可靠性。1959 年 4 月美国国家航空航天局与道格拉斯航空公司签约进行 12 枚火箭的设计。

　　1969 年到 1978 年间，"德尔它"运载火箭是美国国家航空航天局使用最频繁的火箭，在这 10 年间共发射了 84 次。美国国家航空航天局不仅使用该

系列火箭发射自己的卫星，也帮美国政府发射过卫星，甚至是外国政府的卫星来履行与他国的契约。"雷神－德尔它"运载火箭的可靠性在20世纪60年代和70年代已算极高的了，在84次发射中，仅有7次是失败的（91.6%的成功率）。截止到1994年底，"德尔它"系列运载火箭共计发射227次，其中失败12次，发射成功率为94.71%。

➤ 知识点

地球同步卫星

地球同步卫星是人为发射的一种卫星，它相对于地球静止于赤道上空。从地面上看，卫星保持不动，故也称静止卫星；从地球之外看，卫星与地球共同转动，角速度与地球自转角速度相同，故称地球同步卫星。

发射同步卫星需要有高超的技术，一般先用多级火箭，将卫星送入近地圆形轨道，此轨道称为初始轨道；当卫星飞临赤道上空时，控制火箭再次点火，短时间加速，卫星就会按椭圆轨道（也称转移轨道）运动；卫星飞临远地点时，再次点火加速，卫星就最后进入相对地球静止的轨道。

重量级的航天大力士："土星号"

"土星－5（Saturn－Ⅴ）"运载火箭是美国专为阿波罗登月计划研制的、迄今为止最大的巨型运载火箭。其起飞重量为3000吨，直径10米，高110米，近地轨道运载能力达139吨，它能把重达50吨的"阿波罗"飞船送入登月轨道。"土星－5"曾先后将12名宇航员送上月球。

20世纪60年代，美国为执行"阿波罗"登月计划，专门研制了"土星"型运载火箭系列。主要有"土星－1"、"土星－1B"和"土星－5"等几种型号。其中，"土星－1"为一种试验型的两级运载火

"土星－5"运载火箭

箭，第一级运载装置由8台"H－1"液体火箭发动机组成，总推力为7兆牛；第二级由6台总推力为408千牛的液体火箭发动机组成。入轨高度185千米时的最大有效载荷为10.2吨。为了改进"土星"火箭并确定"阿波罗"飞船的总体方案，"土星－1"于1961年至1965年从卡纳维拉尔角共发射10次，其中有5次把"阿波罗"飞船的主体模型发射入轨。

"土星－1B"是为在近地轨道试验载人和不载人的"阿波罗"飞船研制的。它也是两级运载火箭，第一级和第二级均为"土星－1"的改进型，但在

"土星－5"运载火箭

第二级配备了一台用液氧/液氢作推进剂的J－2发动机，推力1.023兆牛。这样，火箭在入轨高度为195千米时，最大有效载荷达到18.1吨。在1966～1975年间，"土星－1B"在卡纳维拉尔角共发射9次，均获成功。

"土星－5"运载火箭是美国"土星－1B"运载火箭的改进型，主要改进是在"土星－1B"的基础上增加了第三级，是"土星"系列运载火箭的最后一种型号。"土星－5"运载火箭是专为在近地和近月轨道试验"阿波罗"飞船的全套设备，以及将航天员送往月球而研制的。

由于"阿波罗"飞船总重达46吨，高25米，最大直径6.6米，要把这么重的飞船以第二宇宙速度①送入月球轨道，以往任何一种运载火箭都无法胜任。为此，专门研制的"土星－5"三级运载火箭称得上是一个重量级的航天"大力士"，它全长85米，直径10米，起飞质量达2950吨，起飞推力达35211千牛，总功率约1.47

"土星－5"运载火箭

亿千瓦，相当于200万辆普通大轿车功率的总和。"土星－5"运载火箭与"阿波罗"登月飞船组装在一起后，高达110.64米，相当于36层楼房高，

---

① 当物体（航天器）飞行速度达到11.2千米/秒时，就可以摆脱地球引力的束缚，飞离地球进入环绕太阳运行的轨道，不再绕地球运行。这个脱离地球引力的最小速度就是第二宇宙速度。

运载能力在逃逸轨道时为 50 吨。1967 年 11 月 9 日首次发射不载人的"阿波罗 – 4"成功后，于 1968 年 12 月 21 日进行首次载人飞行发射，将阿波罗 8 号成功地送入绕月球运行轨道。在 1967 ~ 1973 年间，"土星 – 5"从卡纳维拉尔角共发射 13 次，全部成功。其中有 10 次是运载"阿波罗"载人飞船进入预定轨道。

"土星 – 5"运载火箭

功不可没的"质子号"

"质子号"运载火箭

"质子号（Протон）"运载火箭是前苏联研制的大型运载火箭系列的名称。"质子"号火箭从 20 世纪 60 年代中期以来一直是前苏联及其航天力量的主要继承者俄罗斯在发射大型航天器时的主要运载工具。由于 N – 1 探月火箭的研制失败和对"能源号"运载火箭的弃用，"质子号"火箭实际上成为俄罗斯现在拥有的发射能力最强的运载火箭。

最初的"质子号"火箭是在 1961 ~ 1965 年间研制成功的。1965 年 7 月

16 日，基础型"质子号"火箭在拜科努尔发射场执行了第一次任务，将"质子－1"科学考察卫星送入太空，火箭也因此而得名"质子号"。

早期的"质子号"火箭主要用于发射大型人造卫星。但由于其运载能力远大于其他前苏联火箭（如"联盟号"和"闪电号"），"质子号"就成为了发射星际探测器的首选。在美苏登月竞赛时期，"质子号"承担了大多数将"月球号"无人探测器送上月球的任务。"质子号"也预定参加前苏联载人登月计划。当时前苏联平行开展了两个计划：科罗廖夫主导的使用"N－1"的宇航员登月计划和切洛勉主导的使用"质子号"的载人环月飞行计划。但在一次内部论证会之后，切洛勉的计划被搁置。在"N－1"开发失败而美国人率先实现登月之后，前苏联政府对登月失去了兴趣。虽然还是用"质子号"发射了几艘"探测器号"飞船进行了绕月飞行，但所携带的只是动物而已。

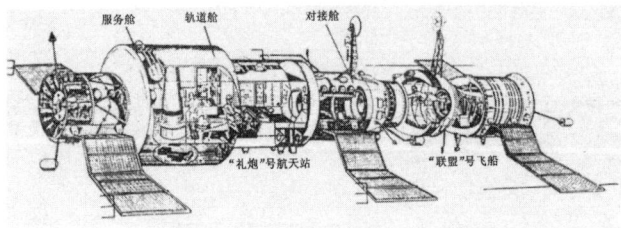

"礼炮号"航天站与"联盟号"飞船对接

从 1971 年开始，前苏联用"质子－K"火箭先后将 8 个空间站（"礼炮－1"～"礼炮－7"，"和平号"）的几乎全部舱体发射入轨。冷战结束后，"质子－K"又用于发射国际空间站的几个重要舱段。除了美国的航天飞机以外，"质子号"是目前唯一能够承担这项任务的运载工具。

在前苏联的航天活动中，"质子号"运载火箭发射最为频繁，它是目前世界上运载能力最大的火箭之一。它先后研制有二、三、四级 3 种型号。最大的一种四级火箭全长 44.3 米，底部最大直径 7.4 米，起飞重量 800 吨。第一级由 6 台助推火箭组成，中心是一个直径较大的氧化剂箱，四周捆绑 6 个燃料箱，起飞推力达 1000 吨。第二级高约 13.7 米，装有 4 台发动机，总推力为

240 吨。第三级高 6.4 米，装 1 台发动机，另有 4 台校正航向的可控微调发动机。第四级高 5.5 米，装有一台封闭式循环发动机，可二次点火。这种火箭可将 21 吨重的有效载荷送入近地轨道。

1965 年 7 月 16 日，"质子号"运载火箭首次发射，将一颗重达 12.2 吨的卫星成功送入预定轨道。1971 年 4 月 19 日，成功发射重 17.5 吨的"礼炮 -1"轨道站。从 1971 年到 1973 年，"质子号"又相继发射了 6 个"火星号"探测器。1974 年发射第一颗静止轨道卫星宇宙 637 号，1975 年到 1983 年陆续发射了金星号探测器，1984 年发射两个维加号哈雷彗星探测器，1986 年又把第三代轨道站"和平号"送入太空。这一系列发射纪录充分表明，"质子号"火箭对于前苏联航天活动有着举足轻重的作用。

俄罗斯"质子号"系列运载火箭分为二级型、三级型和四级型 3 种型号。目前正在使用的有"质子号"三级型和四级型两种。三级型"质子号"于 1968 年 11 月 16 日首次发射，其低地轨道运载能力达到 20 吨，它是世界上第一种用于发射空间站的运载火箭，曾发射过"礼炮 - 1"到"礼炮 - 7"空间站、"和平号"空间站各舱

"和平号"空间站

段及其他大型低地轨道有效载荷。1998 年 11 月 20 日，"质子号"发射了国际空间站的第一个舱段。

前苏联解体后，俄罗斯将"质子号"火箭投入国际市场，受到客户广泛青睐。1996 年 4 月，"质子号"将欧洲的阿斯特拉 - 1F 卫星发射入轨，完成了第一次商业发射。到 2007 年，"质子号"已执行了 40 多次商业发射任务。

"和平"号空间站

苏联火箭的大力士:"能源号"

1987 年 5 月 15 日,前苏联成功发射了一枚名为"能源号(Энергетика номером)"的超级运载火箭。火箭长约 60 米,总重 2400 吨,起飞推力 3500 吨,能把 100 吨有效载荷送入近地轨道。

"能源号"运载火箭由两级组成,分助推级和芯级两级。助推级由四台液体助推器构成,每个助推器长 32 米,直径 4 米;芯级长 60 米,直径 8 米,由四台液体火箭发动机组成。

第一级捆绑 4 台液体助推火箭,高 39 米,直径 4 米;第二级为直径 8 米的芯级,由 4 台液氢液氧发动机组成。发射时,助推级和芯级同时点火,助推级 4 台助推火箭工作完毕后,芯级将有效载荷加速到亚轨道速度,在预定的轨道高度与有效载荷分离。第一级 4 台助推火箭工作完成后,由地面控制脱离芯级火箭后回收,经修理后可重复使用 50 次;芯级火箭可将有效载荷送入地球轨道运行。

由于这种两级"能源号"火箭只能把重型有效载荷送入低地球轨道(芯

级只能作亚轨道飞行），要把有效载荷送入高地球轨道或逃逸轨道还需再加一级，所以研制了两种新的辅助级，即上面级（EUS）及制动和修正级（RCS）。这两种辅助级是单独使用还是一起使用，取决于执行的任务类型。

正是由于"能源号"采取了积木式的设计，它既具有发射大型低轨道有效载荷（105 吨）和航天飞机的能力，又具有将 10 吨以上有效载荷送入地球同步轨道或飞往月球和行星轨道的能力。其中，同步轨道运载能力约为 18 吨，月球轨道运载能力为 32 吨，火星和金星轨道的运载能力为 28 吨。

"能源号"运载火箭的主要任务有：发射多次使用的轨道飞行器；向近地

"能源号"系列运载火箭

空间发射大型飞行器、大型空间站的基本舱或其他舱段、大型太阳能装置；向近地轨道或地球同步轨道发射重型军用、民用卫星；向月球、火星或深层空间发射大型有效载荷。

1988年11月15日，"能源号"火箭将不载人的"暴风雪号"航天飞机送入亚轨道，在160千米高度上启动航天飞机上的发动机，将"暴风雪号"助推到入轨速度，然后机上发动机再次启动，把"暴风雪号"送上250千米的圆形轨道，成为前苏联运载火箭发展史上的一座新的里程碑。"能源号"运载火箭目前仍是世界上起飞质量和推力最大的火箭。

"天顶号"：完全无人化的发射工序

"天顶号（Зенит）"火箭是前苏联政府在1976年正式批准研制的一种中型运载火箭。"天顶号"的设计工作与前苏联当时最具野心的航天计划——"能源－暴风雪号"航天飞机计划捆绑在一起。之所以出现这种情况，是因为工程师打算直接用"天顶号"火箭的第一级作为"能源号"火箭的助推器，并为其配套发展一种大推力液体火箭发动机。

"天顶号"运载火箭

　　"天顶号"系列运载火箭分为两级的"天顶 - 2"、三级的"天顶 - 3"和用于海上发射的"天顶 - 3SL"。"天顶 - 2"的低地轨道运载能力约为 14 吨，太阳同步轨道运载能力约为 11 吨。"天顶 - 2"是两级运载火箭，其一子级还被用作"能源号"火箭助推级的助推器。"天顶 - 2"最大长度为 57 米，最大直径是 3.9 米。"天顶 - 3"是三级运载火箭，它在二型的基础上增加了一个远地点级，用于将有效载荷送入地球同步轨道、其他高轨道或星际飞行轨道。"天顶 - 3"最大长度为 61.4 米，最大直径 3.9 米。可在海上发射的"天顶 - 3SL"是美国、乌克兰、俄罗斯、挪威联合研制的运载火箭，其地球同步轨道运载能力为 2 吨，1999 年 3 月首次发射成功。

　　"天顶号"火箭有许多优点。它使用无毒无污染的液氧/煤油推进剂组合，而其他一些前苏联运载火箭（如"质子号"）则使用有剧毒的肼类推进剂。"天顶号"的发射工序实现了完全无人化：火箭可以被机械装置自动吊装在发射台上并连上必需的地面控制管线，其后在发射准备、点火或因发射任务取消而需从发射台上撤下火箭时都不需要进行手动操作，从而大大减少了因发射事故导致人员伤亡的可能性。此外，"天顶号"的发射台不包含在发射时会被烧毁的设备，因此在一次发射完成的 5 小时之后，就可以再次进行发射。

抗衡苏美的"阿丽亚娜"

　　"阿丽亚娜（Ariane）"运载火箭是由欧洲 11 个国家组成的欧洲航天局研制的不可重复使用的火箭系列。迄今为止，"阿丽亚娜"运载火箭系列已发展了从"阿丽亚娜 - 1"至"阿丽亚娜 - 5"共 5 个型号。

　　为了抗衡前苏联和美国在航天领域的强大发展势头，1972 年法国建议西欧 10 国联合组成欧洲航天局（ESA），共同研制"阿丽亚娜"运载火箭。1973 年 7 月，研制计划获得批准。法国空间研究中心（CNES）负责"阿丽亚娜"火箭的计划管理，航空航天公司负责总装。

"阿丽亚娜"运载火箭

"阿丽亚娜－1"是三级液体运载火箭，该火箭长50米（带有效载荷），直径3.8米，发射质量200吨，进入远地点36000千米高度过渡轨道的有效载荷为1700千克。"阿丽亚娜－2"在"阿丽亚娜－1"基础上将第一、第二推力通过增加发动机燃烧室压力而增加了9%，第三级通过加大推进剂数量而延长了燃烧时间。

这样，进入地球同步轨道的运载能力达到2200千克。"阿丽亚娜－3"是在"阿丽亚娜－2"的基础上再装两枚固体推进器组成，使进入地球同步轨道的运载能力增加到2600千克。1984年8月"阿丽亚娜－3"首次发射，成功地将两颗通信卫星送入转移轨道。

1982年1月开始研制的"阿丽亚娜－4"除将"阿丽亚娜－3"的第二、三级稍加改进外，还重新研制了新的液体火箭发动机、4米直径的整流罩和多星发射装置等，并组合成6种不同的型号。其进入地球同步轨道的运载能力，基本型号（AR40）为1900千克，最大型号（AP44L）高达4200千克。

在希腊神话中，阿丽亚娜是克里特王米诺斯之女，这位美丽又聪明的公主曾用一团小线帮助雅典英雄泰西逃出迷宫。以"阿丽亚娜"命名的欧洲航天局的运载火箭"阿丽亚娜－4"也不负众望，它以可靠性高、入轨精度高、交货及时和价格适中等优点，占据了世界商业火箭发射市场一半的生意。

"阿里亚娜"运载火箭

但欧洲航天局并未因此而满足。为了在激烈竞争的航天市场中进一步巩固优势，并且把这种领先优势一直保持下去，早在 1985 年 1 月，欧洲航天局 ESA 参加国就通过一项研制更大型运载火箭"阿丽亚娜－5"的计划，目标是既能将重 10 余吨的"赫尔墨斯"载人航天飞机送上地球低轨道；又能将总重 8 吨（有同时运载两颗或三颗卫星两种装配方式）的有效载荷送上同步转移轨道。

"阿丽亚娜－5"火箭由上、下两部分组成，上部分包括上面级、设备舱、整流罩等，下部分包括一个低温主级和两台大型固体助推器。火箭全长可达 56 米，起飞质量 716 吨，起飞推力 11.4 兆牛。

"阿丽亚娜"运载火箭

"阿丽亚娜"运载火箭

　　"阿丽亚娜－5"经过近三年的筹备后，在1988年正式立项，计划耗资35亿美元，于1995年升空。但在研制过程中发生了一连串的事故：1995年4月11日，在法国小城沃农的火箭发动机试车台上，主发动机（HM60液氧/液氢发动机）的涡轮泵发生爆炸；同年5月5日，南美法属圭亚那库鲁航天中心，在"阿丽亚娜－5"发射台上的两名军官在操作中因有毒气体泄露而中毒死亡。随后，同年5月30日、7月3日和9月1日又接连出现各类大小事故，这迫使阿丽亚娜空间公司不得不推延了首次发射时间，并将总研制费用提高到60亿美元以上。

"阿丽亚娜"运载火箭

　　"阿丽亚娜"系列火箭的成功，是欧洲联合自强的一个象征，它在国际航天市场的角逐中占有重要地位，世界商业卫星的发射业务大约有50%是由"阿丽亚娜"火箭承担的。

可与欧美火箭并驾齐驱的日本火箭

日本为了争当航天大国，已成功研制 M 系列（又称"谬"系列）和 H 系列两大类运载火箭。其中，M 系列是由日本宇宙科学研究所研制的，主要用于发射科学研究卫星和空间探测器，尚在使用的有 M3S2 型和 MS 型。H 系列运载火箭由 H-1、H-2、H-2A 等火箭组成，目前正在使用的 H 系列火箭只有 H-2A，于 2001 年 8 月首次发射成功。

H 系列是日本宇宙开发事业团负责研制的，主要用于发射应用卫星。其中，1983 年开始研制的 H-2，为日本大型主力运载火箭。它是捆绑了两个大型固体助推器的两级火箭。第一、二级均采用液氢/液氧发动机。第一级的 LE-7 发动机是新研制的，推力 86 吨；第二级的 LE-SA 发动机是 H-1 火箭第一级发动机的改进型，推力 12 吨。火箭总长 50 米，直径 4 米，起飞质量 260 吨。

H-2 火箭的主要优点有二：一是结构良好，火箭长度短，重量轻，其重量仅为运载能力相同的前苏联"质子号"火箭的 38%，是欧航局

H 系列运载火箭

的"阿丽亚娜-4"的一半，而且可靠性高达 96%。二是技术先进，如第一级主发动机（LE-7）采用的二级燃烧循环方式是一项燃烧效率很高的高难度技术，目前只有美国航天飞机的主发动机和前苏联的"能源号"火箭第一级发动机采用了这项技术；第二级火箭具有重新启动功能，使 H-2 火箭具有

足够的灵活性来满足把有效载荷送入不同轨道的要求。但它也有不足之处：目前它的发射成本较高，每一枚需要 1.55 亿美元，而与其发射能力相近的"阿丽亚娜－4"只需 0.82 亿美元；另一不利因素是发射时间受限制，每年只有 1～2 月间和 8～9 月间共 90 天的时间可供发射。

为了争夺运载火箭发射市场，日本成立了包括三菱重工、日产汽车和日本电气等著名公司在内的 75 家公司联合组成的火箭系统股份有限公司。一方面，着重对如何降低成本、进一步保持火箭的高可靠性进行研究；另一方面，正在努力争取放宽发射期，并考虑与"阿丽亚娜"火箭的兼容，借此在日本和世界赢得市场。

1994 年 2 月 4 日，H－2 火箭从鹿儿岛县的种子岛宇宙中心首次发射成功，标志着日本的火箭技术已可与欧洲的"阿丽亚娜"火箭和美国的航天飞机技术并驾齐驱，为日本跻身世界卫星发射市场奠定基础。另外，日本为了适应国际市场小卫星的发射需要，开始争取在短时间内开发出一种低成本的火箭。曾是竞争对手的宇宙开发事业团和宇宙科学研究所在 1992 年联手，共同开发了一种三级固体火箭。第一级采用 H－2 的固体助推器，二、三级和整流罩则均为 M－3S 火箭的原件。只有第一、二两级的级间过渡段和第一级的两台游动小发动机等为数不多的部件是新开发的。这样，通过两家公司的火箭技术对接，取长补短，日本的火箭家族在 20 世纪取得了不小的进步。

印度火箭的本土化："极轨卫星"火箭

印度自行研制的极轨道 4 级运载火箭，太阳同步轨道运载能力为 1 吨，低地轨道运载能力为 3 吨。1993 年 9 月首次发射，但由于火箭出现故障，卫星未能入轨。此后，该火箭连续三次发射成功。1999 年 5 月，"极轨卫星"运载火箭的"一箭三星"技术又取得成功。

在运载火箭的研发过程中，印度一直强调自力更生。当前可供使用的一

印度"极轨"火箭

次性运载火箭有"极轨卫星"运载火箭和近地轨道运载火箭等。2005年，印度积极进行低温发动机的研制，以实现卫星运载火箭的完全本土化。印度还积极进行超音速系统试飞的准备工作。

2005年5月，印度安得拉邦斯里赫里戈达岛发射中心用一枚C6型"极轨卫星"运载火箭成功发射两颗卫星，分别为遥感卫星"Cartosat – 1"和通讯卫星"Hamsat"。

"极轨卫星"运载火箭高达44米，略矮于日本的H – 2B和中国的长征3B火箭。"极轨卫星"运载火箭是四节火箭，有固态及液态燃料系统交互使用，

印度太空研究机构所制造的"极轨卫星"运载火箭（PSLV）

第一节为固态推进火箭，有 138 吨重的燃料，直径为 2.8 米，外壳使用马钉钢材料，其拥有六支辅助推进引擎，其中四支在地面就点燃，其他两支则在空中点燃，每支固态辅助推进火箭都有 9 吨重，其使用燃料被沥青完好地包覆在容器内；第二节的燃料被注入在两个铝合金槽内，燃料为四氧化二氮及联氨，重量为 41.5 吨，也用沥青防止滚动；第三节有 7 吨的燃料，使用固态推进剂，使用凯拉夫合成纤维（一种高分子合成纤维，分子结构中有大量苯环，呈刚性，质量轻，强度高，很多防弹衣就是采用这种材料。）制成的低角度喷嘴和陀螺仪（+2 至 −2 度以内），控制偏差；"极轨卫星"运载火箭的第四节有两个引擎的设计，且使用液态推进剂（甲基联氨/氮氧化物可释放氧的液体），"极轨卫星"运载火箭被反应控制系统控制。酬载的外壳是由纳米碳纤维管所制成，并能将卫星送达地球同步轨道。

萨迪什·达万航天中心火箭发射台上的"极轨卫星"运载火箭

"极轨卫星"运载火箭参数表

功能	一次性火箭
制造公司	印度太空研究机构
国家	印度
尺　寸	
高度	44 米
直径	2.8 米
质量	294 吨
节数	4 节
酬载能力	
酬载能力（低地球轨道）	3250 千克
发射纪录	
现况	现役
发射次数	14 次
成功次数	12 次
失败次数	1 次
部分失败次数	1 次

续　表

首次发射	1993 年 9 月 20 日
助推器	Stage0
火箭形式	6 枚
引擎	1 固态引擎
推力	502.600 千牛
比冲	262 秒
推进时间	44 秒
燃料	HTPB*（固态推进剂）
第一级	
引擎	1 固态引擎
推力	4860 千牛顿
比冲	269 秒
推进时间	105 秒
燃料	HTPB（固态推进剂）
第二级	
引擎	1 颗 Vikas 引擎
推力	725 千牛
比冲	293 秒
推进时间	158 秒
燃料	四氧化二氮/联氨
第三级	
引擎	1 固态引擎
推力	328 千牛
比冲	294 秒
推进时间	83 秒
燃料	HTPB（固态燃料）

第四级	
引擎	2 颗液态引擎
推力	14 千牛
比冲	308 秒
推进时间	425 秒
燃料	四氧化二氮/联氨

注＊：HTPB 是一种低聚物，广泛用于涂料、密封剂、固体火箭推进剂、聚合物共混改性等方面。

知识点

"一箭多星"

"一箭多星"就是用一枚运载火箭同时或先后将数颗卫星送入地球轨道的发射技术。"一箭多星"是一种优越的发射方式，它能充分地利用运载火箭的运载能力，降低卫星发射成本，使相关联的多颗卫星保持密切配合。目前国际上一箭多星的发射常用两种方式：第一种是把几颗卫星一次送入一个相同的轨道或几乎相同的轨道上；第二种是分次分批释放卫星，使每一颗卫星分别进入不同的轨道。就是说，运载火箭到达某一预定轨道速度时，先释放第一颗卫星，然后火箭继续飞行，达到另一个预定的轨道速度时，又释放第二颗卫星，依此类推，逐个把卫星送入各自的预定运行轨道。

"长征"火箭的不凡之路
"CHANGZHENG" HUOJIAN DE BUFAN ZHILU

　　运载火箭是当今人类航天科技、工业的核心技术和主要航天运载器，是一国航天能力的重要标志。

　　在我国运载火箭的发展初期，探空火箭的研制占有重要的地位，尽管它是结构简单的无控火箭，但却是新中国成立后的第一枚真正的火箭。从1958年开始，我国陆续研制出包括生物、气象、地球物理、空间科学试验等多种类型的探空火箭。

　　由我国独立研制的"长征"系列运载火箭是中国航天的主力运载工具。"长征"系列运载火箭有4大系列12个型号，包括长征一号、长征二号、长征三号和长征四号等，构成了具有中国特色的"长征"运载火箭家族。

　　经过不断发展，长征系列运载火箭具备了发射低、中、高不同轨道和不同类型卫星的能力，实现了从低温推进到常温推进、从串联到捆绑、从"一箭单星"到"一箭多星"、从发射卫星载客到发射载人飞船的不断跨越。

长征：一个响亮的名字

长征是中国共产党历尽千辛万苦、走向胜利的奋斗过程，也是中国漫漫历史长河里的重要事件。同时，长征也是新中国成立后，科技事业蓬勃发展，航天工业欣欣向荣的代名词。新中国成立后，我国自力更生、艰苦奋斗，自主研制的运载火箭就用"长征"来命名了。很多人包括很多国外的航天专家，一提到中国的"长征"火箭，都会竖起大拇指，赞不绝口。

"长征"火箭是怎么来的呢？这一直是个神秘的话题，和国外许多运载火箭一样，中国的运载火箭也是由远程战略导弹改进并逐步发展而来的，从一产生就披着一层高度机密的面纱。

1956年，国防部第五研究院成立后，在钱学森院长的带领下，展开了地地弹道导弹的相关研究工作。那时候，研究人员大都是军人，得知自己要从事中国的导弹研制工作之后都很兴奋，但为了保守秘密却不能对任何人说，包括家人。最初的10年，导弹研究工作红红火火开展，并成功研制了多种型号的弹道导弹。到1965年，以中远程弹道导弹"东风四号"为基础，中国火箭的研制工作全面展开。1966年，钱学森、王秉章与当时的国防科学工业委员会的罗舜初以及中国科学院的张劲夫、裴丽生等，一同研究确定了中国的第一颗人造地球卫星的名字"东方红一号"。用来发射"东方红一号"的运载火箭就被命名为"长征一号"。从那时候开始，中国的运载火箭就拥有了"长征"这个响亮的名字。

"长征"火箭是中国具有自主知识产权的品牌产品，能够发射高、中、低不同轨道和不同类型的卫星，具备较强的国际竞争力。

随着经济全球化及信息社会的到来，人类将进一步开发和利用宇宙资源，高技术航天器的蓬勃发展对运载火箭提出了更高的要求。规划和发展中国新一代运载火箭技术，必将加速我国空间技术的进步，也将带动我国众多领域科学技术的发展，同时，对于中国综合实力的提高、国际地位的增强也将产生重大影响。新一代运载火箭是以"通用化、系列化、组合化"为设计

原则，按照"一个系列、两种发动机、三个模块"的发展思路进行研制的火箭系列。

"长征"系列运载火箭采用无毒、无污染推进剂，是典型的绿色环保火箭。具有模块化设计、批量生产、生产和发射周期短、成本低、可靠性高的特点。新一代运载火箭系列可以通过组合不同的模块，形成运载能力各异的火箭，能够将1.2吨至25吨的有效载荷送入近地轨道，将1.8吨至14吨的有效载荷送入地球同步转移轨道。新一代运载火箭系列适应能力强，能够满足未来30至50年国内外航天市场的需要，可以使中国运载火箭实现升级换代，并推动产业化进程，实现跨越式发展，从而全面提升中国运载火箭的国际竞争能力。

"长征一号"运载火箭

1970年4月24日，我国用"长征一号"三级运载火箭成功地发射了第一颗人造地球卫星。1975年11月26日，用更大推力的"长征二号"运载火箭发射了可回收的重型卫星。1980年5月18日，向南太平洋海域成功发射了新型火箭。1982年10月，潜艇水下发射火箭又获成功。1984年4月8日，用第三级装液氢液氧火箭发动机的"长征三号"运载火箭成功地发射了地球同步试验通信卫星。1988年9月7日，用"长征四号"运载火箭将气象卫星成功地送入太阳同步轨道。1992年8月14日，新研制的"长征二号E"捆绑式大推力运载火箭又将澳大利亚的"奥赛特B1"卫星送入预定轨道。这些都表明中国在现代火箭技术领域已跨入世界先进行列，并已稳步地进入国际发射服务市场。

从1970年4月开始，至1999年11月，中国运载火箭技术研究院研制的"长征"系列运载火箭就已进行了59次发射，成功地将50颗国内外卫星送入轨道。除了满足国内用户的需要外，自 20 世纪 80 年代后期就已进入国际发射服务市场，先后为用户发射了 24 颗外星，包括"长征二号丙改"火箭的 5 次发射，成功将 2 颗铱星拟星、8 颗铱星送入预定轨道，取得了显著的社会效益和经济效益。

"长征"系列运载火箭的技术性能和可靠性指标已达到国际的先进水平，并且还在不断提高和完善，将更好地为和平利用空间事业做出应有的贡献。

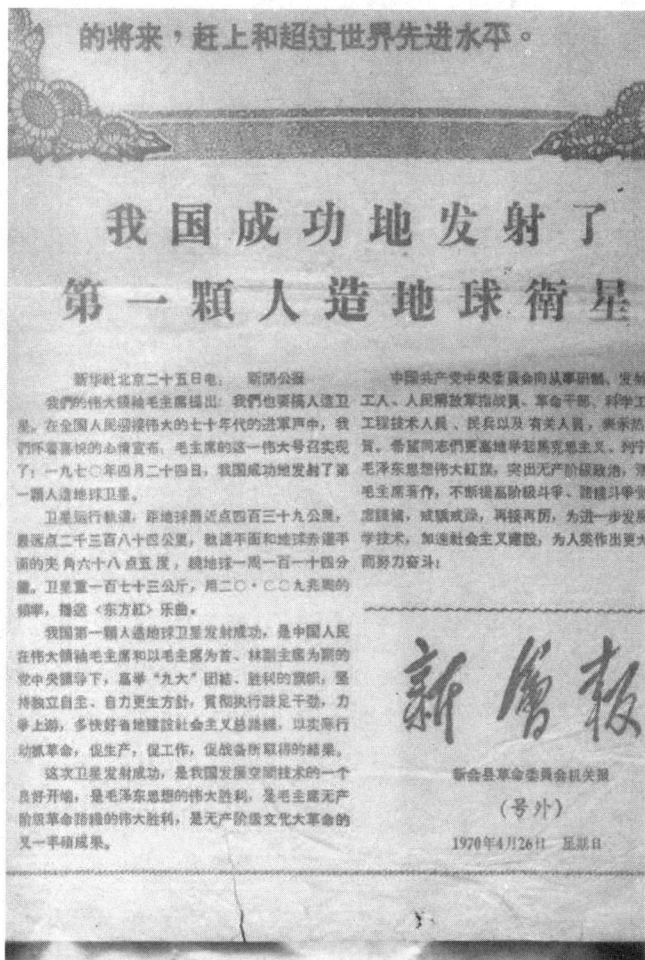

我国成功地发射了第一颗人造地球卫星的新闻

　　"长征"火箭进入世界先进行列的重要标志，可以用"五、四、三、二、一"这样一组数字来概括：

　　1984年"长征三号"运载火箭成功发射通信卫星，标志着我国火箭技术已经跨入世界先进行列。从当时国外公开报道的资料看，我国成为世界上第五个具有独立研制和发射地球同步通信卫星能力的国家；发射1.45吨重的通信卫星，从运载能力上居世界第四位；掌握并使用低温高能推进剂（液氢液氧），居世界第三位；解决了发动机高空二次启动技术，居世界第二位；发射商业卫星费用低廉，居世界第一位。

　　目前，中国"长征"火箭已经发展成了一个"大家族"。"长征"火箭家族，包括最早研制成功，发射中国第一颗人造卫星"东方红一号"的"长征一号"火箭；多次投入国内外发射市场的"长征二号丙"和"长征三号甲"系列火箭；已两次实现载人航天并将三位中国宇航员送入太空的"长征三号F"火箭；还有"长征四号"火箭等。运载能力也从300千克到近9000千克不等，发射的轨道从对地观测的低地球轨道、太阳同步轨道，发展到地球同步转移轨道，入轨速度从每秒7800米增加到每秒10320米。

　　当然，"长征"火箭家族的发展并不是一帆风顺的，在整个过程中既有成功也有失败，是中国几代航天人共同努力、刻苦攻关，突破一个又一个技术难关，一步一个脚印走过来的。事实证明，它的发展过程就是一部新时期的航天长征史。

　　如今30多年过去了，中国研制成功的12种型号"长征"系列运载火箭，覆盖了近地轨道、太阳同步轨道、地球同步静止轨道的全部轨道范围，运载能力大幅度提高，适应了发射不同轨道和不同重量人造卫星的要求。中国已经拥有了酒泉、西昌、太原三座发射基地，运载火箭的发射和测控技术达到了世界先进水平。

　　在进军太空的过程中，中国的"长征"系列火箭早已闻名遐迩，跻身于世界先进行列。它作为中国现代化建设伟大成就的象征，傲然屹立于世界民族之林。

知识点

近地轨道

近地轨道，又称低地轨道，是指航天器距离地面高度较低的轨道。近地轨道没有公认的严格定义。一般高度在 2000 千米以下的近圆形轨道都可以称近地轨道。由于近地轨道卫星离地面较近，绝大多数对地观测卫星、测地卫星、空间站以及一些新的通信卫星系统都采用近地轨道。

钱学森：中国航天事业的奠基人

钱学森，中国著名物理学家，世界著名火箭专家。浙江杭州人，生于上海，汉族，博士学位。

1934 年毕业于交通大学机械工程系（今西安交通大学机械工程学院前身的一部分）。1934 年暑假，他从交大毕业，考取了清华大学公费留学。

1935 年 8 月的一天，钱学森从上海乘坐美国邮船公司的船只离开祖国。黄浦江浊浪翻滚，望着渐渐模糊的上海城，钱学森在心中默默地说："再见了，祖国。你现在豺狼当道，混乱不堪，我要到美国去学习技术，他日归来为你的复兴效劳。"

钱学森

钱学森到美国进入了麻省理工学院航空系，学习成绩一直名列前茅。学工程要到工厂去实践，可当时美国航空工厂歧视中国人，所以一年后他开始转向航空工程理论，即应用力学的学习。1936 年 10 月，他转学到加州理工学院。

1939年，钱学森在加州理工学院
获得航空、数学博士学位

坐落在洛杉矶市郊帕萨迪纳的加州理工学院航空系，有一位大名鼎鼎的空气动力学教授冯·卡门，他是匈牙利人。20世纪30年代初，航空科学还处于襁褓之中。冯·卡门当时是这一领域的顶尖人物，后来被誉为"超音速飞行之父"。1970年，月亮上的某一陨石坑被冠以他的名字。

钱学森是慕名而去的，冯·卡门抬头仔细打量着这位仪表庄重的东方年轻人，他提出几个专业问题让钱学森回答，钱学森稍加思索便准确地回答了他的所有提问。

冯·卡门暗自赞许：这个年轻人思维敏捷而又富有智慧。于是高兴地收下了这位学生。

学习和研究工作是非常紧张的，钱学森每天工作十几个小时，半天时间看书，半天时间讨论，晚上继续苦战。3年后，他以优异成绩获博士学位并留校任教，成为冯·卡门的得力助手。这期间，他不仅掌握了空气动力学的根本知识，而且已经处在了这门科学的最前沿。1939年，他研究航空结构，只用了一年时间，就取得了突破性的成就。

到加州理工学院的第二年，钱学森认识了研究火箭技术的同学F·J·马林纳。经马林纳介绍，钱学森参加了当时加州理工学院的马列主义学习小组，得识该小组的书记、化学物理助理研究员威因鲍姆。在小组里，钱学森同大家一起学习了恩格斯的《反杜林论》；每星期例会经常讨论时事。

鉴于钱学森研究工作的出色成绩和美国战时军事科学研究的需要，他得以参加机密性工作。1944年，

1938年，钱学森在美国从事空气动力学研究

美国军方委任冯·卡门教授为首，马林纳为副，大力研究远程火箭。钱学森负责理论组，把林家翘、钱伟长也请了来，进行弹道分析、燃烧室热传导、燃烧理论研究等工作。与此同时，钱学森还担任了航空喷气公司的技术顾问。

1945 年初，他还被美国空军聘为科学咨询团团员。这一时期，他取得了在近代力学和喷气推进的科学研究方面的宝贵经验，成为当时有名望的优秀科学家。

第二次世界大战结束时，美国空军高度赞扬钱学森为战争的胜利作出的"巨大的贡献"。美国专栏作家密尔顿·维奥斯特认为，钱学森已是"制定使美国空军从螺旋桨式向喷气

1944 年 12 月，钱学森在美军试验基地参加发射试验工作

式飞机过渡，并最后向遨游太空无人航天器过渡的长远规划的关键人物"，"是帮助美国成为世界第一流军事强国的科学家银河中一颗明亮的星"。

1945 年初，钱学森成为以冯·卡门为团长的空军科学咨询团的成员。德国投降后，他随该团的考察小组到欧洲考察航空和火箭技术。1946 年暑期，钱学森离开加州理工学院，再到麻省理工学院任副教授，专教空气动力学专业的研究生。

1947 年初，36 岁的钱学森成为麻省理工学院的正教授。在受监控期间，除教学外，他仍未放弃学术研究，在 1953 年发表了《从地球卫星轨道上起飞》，为低推力飞行力学奠定了基础，并于 1954 年出版了《工程控制论》一书。1955 年回国前他向冯·卡门告别时，冯·卡门激动地说："你现在在学术上已超过了我！"

从 1935 年到 1955 年，钱学森在美国整整居住了 20 年。这期间，他在学术上取得了辉煌的成就，生活上享有丰厚的待遇，工作上拥有便利的条件。然而，他始终眷恋着生他养他的祖国。他在写给父亲的信中，不止一次地发出"旅客生涯作到何时"的感叹。

1949年10月1日，新中国在隆隆的礼炮声中诞生了。此刻，钱学森埋藏心底很久的愿望越发强烈起来：早日回到祖国去，用自己的专长为祖国建设服务。他向留学生们袒露了心迹。留学生中有人劝道："祖国刚解放，要钱没钱，要设备没设备，现在回去搞科学研究，只怕有困难。"钱学森诚恳地说："我们日夜盼望着的，就是祖国能够从黑暗走向光明，这一天终于来到了。祖国现在是很穷，但需要我们大家——祖国的儿女们共同去创造。我们是应当回去的。"

钱学森和夫人蒋英按捺不住内心的喜悦，商量着早日赶回祖国，为自己的国家效力。此时的美国，以麦卡锡为首对共产党人实行全面追查，并在全美国掀起了一股驱使雇员效忠美国政府的歇斯底里狂热。钱学森因被怀疑为共产党人和拒绝揭发朋友，被美国军事部门突然吊销了参加机密研究的证书。这使他非常气愤。钱学森以此作为要求回国的理由。然而，钱学森万万没有想到，他的回国夙愿竟酿成了一场劫难！美国海军部次长恶狠狠地说："他知道所有美国导弹工程的核心机密，一个钱学森抵得上5个海军陆战师，我宁可把这个家伙枪毙了，也不能放他回红色中国去！"

从此，美国对他的政治迫害接踵而至。移民局抄了他的家，在特米那岛上将他拘留14天，直到收到加州理工学院送去的1.5万美金巨额保释金后才释放了他。后来，海关又没收了他的行李，包括800千克书籍和笔记本。他们硬说里面有机密材料。其实，在打包之前，钱学森已交他们检查过。美国检察官再次审查了他的所有材料后，才证明他是光明磊落的。

钱学森在美国受迫害的消息很快传到国内，新中国震惊了！国内科技界的朋友通过各种途径声援钱学森。党中央对钱学森在美国的处境极为关心，中国政府公开发表声明，谴责美国政府在违背本人意愿的情况下监禁了钱学森。

当钱学森要求回国被美国无理阻拦时，中国也扣留着一批美国人，其中有违反中国法律而被中国政府依法拘禁的美国侨民，也有侵犯中国领空而被中国政府拘禁的美国军事人员。美国政府急于要回这些被我国扣押的美国人，但又不愿意与中国直接接触。

1954年4月，美英中苏法五国在日内瓦召开讨论和解决朝鲜问题和恢复印度支那和平问题的国际会议。出席会议的中国代表团团长周恩来想到中国有一批留学生和科学家被扣留在美国，于是就指示说，美国人既然请英国外交官与我们疏通关系，我们就应该抓住这个机会，开辟新的接触渠道。

中国代表团秘书长王炳南6月5日开始与美国代表、副国务卿约翰逊就两国侨民问题进行初步商谈。美方向中方提交了一份美国在华侨民和被中国拘禁的一些美国军事人员名单，要求中国给他们回国的机会。为了表示中国的诚意，周恩来指示王炳南在6月15日举行的中美第三次会谈中，大度地作出让步，同时也要求美国停止扣留钱学森等中国留美人员。

然而，中方的正当要求被美方无理拒绝。7月21日，日内瓦会议闭幕。为不使沟通渠道中断，周恩来指示王炳南与美方商定自7月22日起，在日内瓦进行领事级会谈。为了进一步表示中国对中美会谈的诚意，中国释放了4个被扣押的美国飞行员。

1955年7月25日，我外交部成立了一个中美会谈指导小组，由周恩来直接领导。8月1日，中美会谈由领事级升格为大使级。

中国作出的高姿态，最终是为了争取钱学森等留美科学家尽快回国。可是在这个关键问题上，美国人耍赖了。尽管中美双方接触了10多次，美国代表约翰逊还是以中国拿不出钱学森要回国的真实理由，一点不松口。

正当周恩来总理为此非常着急的时候，时任全国人大常委会副委员长的陈叔通收到了一封从大洋彼岸辗转寄来的信。他拆开一看，署名"钱学森"。他禁不住心头一震，他迅速地读完了这封信。信中的内容，原来是请求祖国政府帮助他回国。

这封信是钱学森当时摆脱特务监视，在一封写在小香烟纸上寄给在比利时亲戚的家书中，夹带给陈叔通副委员长的。对于这样一封非同寻常的海外来信，陈叔通深知它的分量，当天就送到周总理那里。"这真是太好了，据此完全可以驳倒美国政府的谎言！"周恩来总理当即作出了周密部署，叫外交部火速把信转交给正在日内瓦举行中美大使级会谈的王炳南，并对王炳南指示道："这封信很有价值。这是一个铁证，美国当局至今仍在阻挠中国平民归国。你要在谈判中，用这封信揭穿他们的谎言。"

　　8月1日中美大使级会谈一开始，王炳南率先对约翰逊说："大使先生，在我们开始讨论之前，我奉命通知你下述消息：中国政府在7月31日按照中国的法律程序，决定提前释放阿诺维等11名美国飞行员，他们已于7月31日离开北京，估计8月4日即可到达香港。我希望，中国政府所采取的这个措施，能对我们的会谈起到积极的作用。"可谈到钱学森回国问题时，约翰逊还是老调重弹："没有证据表明钱学森要归国，美国政府不能强迫命令！"于是，王炳南便亮出了钱学森给陈叔通的信件，理直气壮地予以驳斥："既然美国政府早在1955年4月间就发表公告，允许留美学者来去自由，为什么中国科学家钱学森博士在6月间写信给中国政府请求帮助呢？显然，中国学者要求回国依然受到阻挠。"在事实面前约翰逊哑口无言。美国政府不得不批准钱学森回国的要求。1955年8月4日，钱学森收到了美国移民局允许他回国的通知。

　　1955年9月17日，钱学森梦寐以求的回国愿望得以实现了！这一天，钱学森携带妻子蒋英和一双幼小的儿女，终于登上了"克利夫兰总统号"轮船，踏上返回祖国的旅途。

1955年，钱学森一家乘克莱弗兰总统号回国

　　1955年9月17日，在周恩来总理的关怀下，钱学森终于踏上回国航程，1955年10月1日到达香港，1955年10月8日到达广州。钱学森说："我一直相信，我一定能够回到祖国的，今天，我终于回来了！"由于钱学森回国效力，中国导弹、原子弹的发射至少向前推进了20年。

　　1956年初，钱学森向中共中央、国务院提出《建立我国国防航空工业的意见书》。同年，国务院、中央军委根据他的建议，成立了导弹、航空科学研究的领导机构——航空工业委员会，并任命他为委员长。

　　1956年，钱学森受命组建中国第一个火箭、导弹研究所——国防部第五研究院，并担任首任院长。他主持完成了"喷气和火箭技术的建立"规划，参与了近程导弹、中近程导弹和中国第一颗人造地球卫星的研制，直接领导了用中近程导弹运载原子弹"两弹结合"试验，参与制定了中国近程导弹运载原子弹"两弹结合"试验，参与制定了中国第一个星际航空的发展规划，发展建立了工程控制论和系统学等。在空气动力学、航空工程、喷气推进、工程控制论、物理力学等技术科学领域作出了开创性贡献。是中国近代力学和系统工程理论与应用研究的奠基人和倡导人。

钱学森是中国航天科技事业的先驱和杰出代表，被誉为"中国航天之父"、"中国导弹之父"和"火箭之王"。在美学习研究期间，与他人合作完成的《远程火箭的评论与初步分析》，奠定了地地导弹和探空火箭的理论基础；与他人一起提出的高超音速流动理论，为空气动力学的发展奠定了基础。

1989 年，钱学森获得"小克罗维尔"奖章和"世界级科学和工程名人"称号

钱学森早年在应用力学和火箭、导弹技术的许多领域都做过开创性的工作。独立研究以及和冯. 卡门合作研究所提出的许多理论，为应用力学、航空工程和火箭导弹技术的发展奠定了基础。回国后长期担任火箭、导弹和卫星研制的技术领导职务，为创建和发展我国的导弹、航天事业作出了杰出贡献。在工程控制论、系统工程和系统科学、思维科学和人体科学以及马克思主义哲学等许多理论领域都进行过创造性研究，做出了重大贡献。

钱学森长期担任中国火箭和航天计划的技术领头人，对航天技术、系统科学和系统工程做出了巨大的和开拓性的贡献。钱学森共发表专著 7 部，论文 300 余篇。主要贡献表现在以下几方面：

（1）应用力学

钱学森在应用力学的空气动力学方面和固体力学方面都做过开拓性的工

1999年9月，钱学森获得
"两弹一星"功勋勋章

作。与冯·卡门合作进行的可压缩边界层的研究，揭示了这一领域的一些温度变化情况，创立了卡门—钱学森方法。与郭永怀合作最早在跨声速流动问题中引入上下临界马赫数的概念。

（2）喷气推进与航天技术

从40年代到60年代初期，钱学森在火箭与航天领域提出了若干重要的概念：在40年代提出并实现了火箭助推起飞装置（JATO），使飞机跑道距离缩短；在1949年提出了火箭旅客飞机概念和关于核火箭的设想；在1953年研究了行星际飞行理论的可能性；在1962年出版的《星际航行概论》中，提出了用一架装有喷气发动机的大飞机作为第一级运载工具，用一架装有火箭发动机的飞机作为第二级运载工具的天地往返运输系统概念。

（3）工程控制论

工程控制论在其形成过程中，把设计稳定与制导系统这类工程技术实践作为主要研究对象。钱学森本人就是这类研究工作的先驱者。

（4）物理力学

钱学森在1946年将稀薄气体的物理、化学和力学特性结合起来的研究，是先驱性的工作。1953年，他正式提出物理力学概念，主张从物质的微观规律确定其宏观力学特性，改变过去只靠实验测定力学性质的方法，大大节约了人力物力，并开拓了高温高压的新领域。1961年他编著的《物理力学讲义》正式出版。现在这门科学的带头人是苟清泉教授，1984年钱学森向苟清泉建议，把物理力学扩展到原子分子设计的工程技术上。

（5）系统工程

钱学森不仅将我国航天系统工程的实践提炼成航天系统工程理论，并且在80年代初期提出国民经济建设总体设计部的概念，还坚持致力于将航天系统工程概念推广应用到整个国家和国民经济建设中，并从社会形态和开放复杂巨系统的高度，论述了社会系统。任何一个社会的社会形态都有三个侧面：经济的社会形态，政治的社会形态和意识的社会形态。钱学森从而提出把社会系统划分为社会经济系统、社会政治系统和社会意识系统三个组成部分。相应于三种社会形态应有三种文明建设，即物质文明建设（经济形态）、政治文明建设（政治形态）和精神文明建设（意识形态）。社会主义文明建设应是这三种文明建设的协调发展。从实践角度来看，保证这三种文明建设协调发展的就是社会系统工程。从改革和开放的现实来看，不仅需要经济系统工程，更需要社会系统工程。

（6）系统科学

钱学森对系统科学最重要的贡献，是他发展了系统学和开放的复杂巨系统的方法论。

（7）思维科学

人工智能已成为国际上的一大热门，但学术思想却处于混乱状态。在这样的背景下，钱学森站在科技发展的前沿，提出创建思维科学（noeticscience）这一科学技术部门，把30年代中国哲学界曾议论过，有所争论，但在当时条件下没法讲清楚的主张，科学地概括成为思维科学。比较突出的贡献为：

①钱学森在80年代初提出创建思维科学技术部门，认为思维科学是处理意识与大脑、精神与物质、主观与客观的科学，是现代科学技术的一个大部门。推动思维科学研究是计算机技术革命的需要。

②钱学森主张发展思维科学要同人工智能、智能计算机的工作结合起来。他以自己亲身参与应用力学发展的深刻体会，指明研究人工智能、智能计算机应借鉴应用力学，走理论联系实际，实际要理论指导的道路。人工智能的理论基础就是思维科学中的基础科学思维学。研究思维学的途径是从哲学的成果中去寻找，思维学实际上是从哲学中演化出来的。他还认为形象思维学的建立是当前思维科学研究的突破口，也是人工智能、智能计算机的核心问题。

③钱学森把系统科学方法应用到思维科学的研究中，提出思维的系统观，

即首先以逻辑单元思维过程为微观基础，逐步构筑单一思维类型的一阶思维系统，也就是构筑抽象思维、形象（直感）思维、社会思维以及特异思维（灵感思维）等；其次是解决二阶思维开放大系统的课题；最后是决策咨询高阶思维开放巨系统。

（8）人体科学

钱学森是中国人体科学的倡导者。

钱学森提出用"人体功能态"理论来描述人体这一开放的复杂巨系统，研究系统的结构、功能和行为。他认为气功、特异功能是一种功能态，这样就把气功、特异功能、中医系统理论的研究置于先进的科学框架之内，对气功、特异功能的研究起了重大作用。在钱学森指导下，北京航天医学工程研究所的研究人员于1984年开始对人体功能态进行研究，他们利用多维数据分析的方法，把对人体所测得的多项生理指标变量，综合成可以代表人体整个系统的变化点，以及它在各变量组成的多维相空间中的位置，运动到相对稳定，即目标点、目标环的位置。他们发现了人体的醒觉、睡眠、警觉和气功等功能态的各自的目标点和目标环。这样，就把系统科学的理论在人体系统上体现出来了，开始使人体科学研究有了客观指标和科学理论。

（9）科学技术体系与马克思主义哲学

钱学森认为，马克思主义哲学是人类对客观世界认识的最高概括，也是现代科学技术（包括科学的社会科学）的最高概括，钱学森将当代科学技术发展状况，归纳为十个紧密相连的科学技术部门。这十大科学技术部门的划分方法，正是钱学森运用马克思主义哲学，特别是系统论对科学分类方法的又一创新。

迈出长征第一步

长征一号是为发射我国第一颗人造地球卫星"东方红一号"而研制的三级运载火箭。它的一、二级火箭采用当时的成熟技术，并为发射卫星做了适应性修改，第三级是新研制的以固体燃料为推进剂的上面级。

1965年3月，中央专门委员会批准"东风四号"的发展规划，经过6年半的拼搏和奋斗，4次发射，2次失败。

1966年的1月份，根据中国国防科委的要求，当时航天主管部门"七机部（中华人民共和国第七机械工业部）"就已经确定，我国第一枚卫星运载火箭选用"东风四号"液体导弹。

1967年提出了"长征一号"运载火箭方案，也即火箭的第一、二级和控制系统在"东风四号"基础上修改，增加固体第三级。火箭的第二级推进剂燃烧完毕关机后并不与第三级分离，而是控制第三级靠已获速度无动力上升滑行，并且调整火箭达到第三级发动机点火需要的状态。滑行一定时间达到一定高度后，第二级和第三级分离，同时第三级固体发动机开始高速旋转，保持姿态，点火加速，将卫星送入预定轨道。第三级没有一般火箭的完整控制系统，靠自旋保持姿态，发动机在燃料燃烧完毕后，推动力才消失。但第三级有一套电路系统，可以由钟表机构发出自旋、卫星分离和观察伞打开等时间指令。观察伞的设置目的是为了增加日光反射面积和强度，便于地面观察人员用肉眼搜寻和观察卫星。

通过"东风四号"的飞行试验，也试验了"长征一号"运载火箭的第一、二级，这样就节省了大量经费，也缩短了研制周期。因此，"长征一号"运载火箭一开始就是和"东风四号"结合在一起来研制的。

到1971年11月，"东风四号"第四次飞行试验取得圆满成功，我们终于掌握了多级火箭的设计、生产和发射的技术，为"长征一号"运载火箭的研制和发射奠定了坚实的基础。

但是从"东风四号"导弹到"长征一号"运载火箭，依然有很多研究工作要做。首先是对"东风四号"进行适应性修改，使得它能够满足"长征一号"运载火箭发射"东方红一号"卫星的要求。更重要的是火箭第三级固体发动机的研制，从1965年底开始，先后共经过了19次地面试车，到1970年，各项技术指标终于达到了设计要求。

经过四年的艰苦努力，"长征一号"运载火箭终于研制成功了，为发射

"东方红一号"卫星，共准备了两枚火箭。1970年1月30日，"东风四号"在酒泉发射基地第二次发射取得圆满成功，于是决定用第一枚"长征一号"火箭发射"东方红一号"卫星。

"长征一号"运载火箭

1970年4月24日是"东方红一号"卫星的预定发射日期。在酒泉的发射场内，技术人员有条不紊地忙碌着。21时35分，点火口令准时发出，"长征一号"火箭腾空而起，在天空中画出美丽的弧线，闪烁着动人的火焰进入了太空。21时50分，中国国家广播事业局报告，收到了中国第一颗卫星"东方红一号"播送的《东方红》乐曲，声音宏亮清晰。4月25日下午，新华社向全世界宣布，1970年4月24日中国成功地发射了自主研制的第一颗人造地球卫星"东方红一号"。全中国乃至全世界的人们，都被中国的航天壮举震撼了。

1971年3月3日，"长征一号"火箭第二次发射，把"实践一号"科学试验卫星准确送入轨道，又一次取得圆满成功。相对于70度倾角、440千米高的圆轨道，"长征一号"火箭的运载能力为300千克。"长征一号"运载火箭共进行了两次发射，都获得了成功。

为了提高"长征一号"火箭的运载能力，适应国内外小型卫星发射市场需求，根据"长征一号"改进的"长征一号丁"火箭正时刻准备着进入发射市场。"长征一号丁"运载火箭的低轨道（185千米）运载能力为850千克，同步轨道的运载能力为200千克。

"长征一号"运载火箭，代号CZ–1。它是一枚三级火箭，加注推进剂后总质量约为81570千克，起飞后发动机总推力为1020千牛，火箭全长29.86米，其他具体参数见"长征一号运载火箭总体参数表"和"长征一号运载火箭各部分参数表"。

"长征一号"运载火箭总体参数表

级数	3
全长	29.860 米
翼展	3.810 米
起飞质量	81570 千克
起飞推力	1020 千牛
推重比	1.275
运载能力	300 千克（440 千米圆轨道，倾角 70°）
入轨精度	近地点 440 千米时，高度偏差 ±4 千米，轨道面倾角偏差 ±1.5°

　　中国凭借自己的力量，成功发射第一枚"长征一号"运载火箭，一跃成为世界上第五个独立研制和发射人造卫星的国家。"长征一号"的研制成功，是我国航天事业的一个标志性开端，揭开了我国航天活动的序幕，标志着中国开始发展自己的运载火箭。

长征一号运载火箭各部分参数表

一子级	二子级	三子级	整流罩
级长:17.835 米	级长:7.486 米	级长:4.565 米	长度:4.630 米
直径:2.250 米	直径:2.250 米	直径:固体发动机 2.250 米;	直径:1.500 米
子级质量:65250 公斤	子级质量:13550 公斤	裙端:1.500 米	结构质量:270 公斤
结构质量:4070 公斤	结构质量:2270 公斤	子级质量:2200 公斤	有效容积:约 2.0 立方米
推进剂质量:61070 公斤	推进剂质量:11210 公斤	结构质量:400 公斤	
发动机:YF-2	发动机:YF-3	推进剂质量:1800 公斤	
推进剂:硝酸-27S/偏二甲肼	推进剂:硝酸-27S/偏二甲肼	发动机:GF-02	
海平面推力:1020 千牛	真空推力:294.2 千牛	推进剂:聚硫橡胶固体推进剂	
海平面比冲:2349 牛·秒/公斤	真空比冲:2746 牛·秒/公斤	真空总冲:4440 千牛·秒	
工作时间:140 秒	工作时间:102 秒	真空平均推力:111.0 千牛	
		真空平均比冲:2472 牛·秒/公斤	
		工作时间:约 40 秒	

注:数据来自《中国航天》杂志

知识点

东方红一号卫星

东方红一号卫星是我国于1970年4月24日发射的第一颗人造地球卫星。按时间先后，我国是继苏、美、法、日之后，世界上第五个用自制火箭发射国产卫星的国家。主要参数：

卫星重量：173千克

卫星外形：直径1米的球形72面体

近地点：439千米

远地点：2384千米

"长征二号"的庞大家族

1964年，我国开始研制新型洲际战略导弹，它使中国具备了远程核打击的能力。在研制洲际战略导弹的同时，我国的运载火箭技术研究院开始同步研制"长征二号"运载火箭，并初具雏形。

"长征二号"运载火箭，代号CZ-2，是一枚两级火箭，火箭的一、二级都使用了常温的四氧化

"长征二号"运载火箭

二氮和偏二甲肼液体推进剂，其中四氧化二氮是氧化剂，而偏二甲肼是燃烧剂，两种燃料相遇会立即燃烧，称为自燃推进剂。

"长征二号"运载火箭技术参数表

低地轨酬载	1.8 吨
地球同步轨道	0.0 吨（无此项目）
离地质量	190 吨
推力	285.714 吨
第一节燃料	四氧化二氮＋联氨
第二节燃料	四氧化二氮＋联氨

"长征二号"点火

与"长征一号"运载火箭一样，"长征二号"运载火箭二级安装的主发动机，也是以一级75吨发动机为基础改进而来的，利用了一级发动机基本的技术和部件，这也节约了不少研制经费，并且缩短了研制的周期。为了提高火箭二级飞行的灵活性，其游动发动机没有和主发动机共用涡轮泵系统，采用了独立的泵系统，这样，游动发动机在主发动机关机的情况下也是能够独立工作的。这对发射卫星的运载火箭来说是特别必要的。

"长征二号"运载火箭一级和二级发动机的研制成功，还有逐渐成熟的一、二级的热分离技术，给我国未来运载火箭的发展打下良好的基础。利用发动机及其组合方式，还有一、二级的热分离技术，加上后来的助推器捆绑技术，形成了我国多型号的"长征"系列火箭大家族。

1974年11月5日，"长征二号"火箭在

"长征二号"运载火箭

酒泉卫星发射中心进行了首次发射。由于控制系统的一根导线断裂，火箭在起飞 20 秒之后，因姿态失控而试验失败。1975 年 11 月 26 日，"长征二号"火箭第二次发射，并成功将中国第一颗返回式卫星送入预定轨道。后来，在 1976 年和 1978 年又分别进行了两次发射，都取得了成功。"长征二号"火箭一共进行了 4 次发射，除首次发射失败外，另外三次均圆满成功。

"长征二号"火箭发射返回式卫星的成功，使得中国成为世界上继美国和前苏联之后第三个掌握卫星返回技术和航天遥感技术的国家。

"长征二号"系列运载火箭总体参数表

火箭型号	级数	全长（米）	最大直径(米)	起飞质量(吨)	起飞推力(千牛)	运载能力（近地轨道）（千克）
长征二号	2	31.170	3.35	190	2786	1800
长征二号 C	2	35.15	3.35	192	2786	2400
长征二号 E	2（带捆绑）	49.686	11.45	462	5923	9200
长征二号 D	2	33.667(不含整流罩)	3.35（不含整流罩）	237	2961	3100
长征二号 F	2（带捆绑）	49.7（不含逃逸塔）	3.35（不含助推器）	460	5920	8400

"长征二号丙"运载火箭

"长征二号丙"火箭是在"长征二号"火箭基础上改进设计的，代号 CZ-2C。"长征二号丙"仍然是二级火箭，火箭的结构与"长征二号"相同，不过结构质量减小了，发动机经过技术改进，推力提高了，近地轨道运载能

力也得到提高，性能更加可靠。

自 1975 年 11 月 26 日首次发射，该火箭共进行了 22 次发射，均取得了成功。从 1980 年开始，"长征二号丙"火箭的设计又不断改进，一级和二级分别加长，推进剂加注量也得到不同程度的增加，形成多种技术状态。起飞质量最大达到 213 吨，最大低轨道运载能力也由"长征二号"的 1800 千克提高到 3000 千克。

"长征二号丙"运载火箭

据统计，仅到 2006 年年底，"长征二号丙"及其改进型运载火箭就已经连续成功发射 25 次，将 31 颗卫星送入了预定轨道，每一次都圆满成功。发射的卫星有返回式卫星、组网的移动通信卫星、科学试验卫星、空间探测卫星、环境卫星、海洋卫星、育种卫星、减灾卫星等。发射的方式也多种多样，有单星发射、双星发射和搭载双星发射，发射轨道也分低轨道、较高的移动通信轨道、大椭圆轨道等。"长征二号丙"及其改进型运载火箭，是目前国内发射次数多、运用灵活、发射可靠、价格便宜、广受用户欢迎、用途广泛的"名牌"运载火箭。

长征二号丙运载火箭技术参数表

总体参数	一子级	二子级	整流罩
级数:2级	级长:23.720米	级长:8.706米	长度:3.144米(A型)
全长:31.170米(A型罩)	直径:3.350米	直径:3.350米	7.125米(B型)
35.151米(B型罩)	起飞质量:151吨	起飞质量:38.2吨	直径:2.200米(A型)
最大直径:3.350米	结构质量:8.6吨	结构质量:3.2吨	3.350米(B型)
起飞质量:约192吨	推进剂质量:143吨	推进剂质量:35吨	有效容积:
起飞推力:2786千牛	发动机:YF—21	发动机:YF—22(主机)	3.6米^3(A型)
推重比:1.48	推进剂:四氧化二氮/偏二甲肼	4×YF—23(游动发动机)	27米^3(B型)
运载能力:2400公斤(200~470公里近地轨道)	地面总推力:2786千牛	推进剂:四氧化二氮/偏二甲肼	
入轨精度(σ):(200~470公里近地轨道)	地面比冲:2540牛·秒/千克	真空推力:720千牛(主机)	
半长轴偏差:1.3公里	工作时间:130秒	46千牛(4台游机)	
偏心率偏差:0.00023		真空比冲:2834牛·秒/千克(主机)	
轨道倾角偏差:0.05度		2762牛·秒/千克(游机)	
近地点幅角偏差:1.7度		工作时间:112秒(主机)	
升交点经度偏差:0.1度		287秒(游机)	

注:数据来自《中国航天》杂志

"长征二号丁"运载火箭

上海航天局在"长征二号"运载火箭的基础上加以改进，加长火箭一级和二级，增加燃料的加注量，提高火箭的发动机推力，形成了"长征二号丁"运载火箭。"长征二号丁"运载火箭，代号CZ‑2D，这是一种与"长征二号丙"火箭相似的一种低轨道运载火箭，仍采用两级配置，主要在酒泉卫星发射中心用于发射返回式科学试验卫星。

"长征二号丁"运载火箭

"长征二号"、"长征二号丙"和"长征二号丁"火箭的发射历史情况见下表。

历年发射的"长征二号"、"长征二号丙"和"长征二号丁"火箭

火箭名称	火箭编号	有效载荷	发射时间	发射场	备注
长征二号	Y1	第1颗返回式卫星	1974 – 11 – 05	酒泉	失败
长征二号	Y2	第2颗返回式卫星	1975 – 11 – 26	酒泉	成功
长征二号	Y3	第3颗返回式卫星	1976 – 12 – 07	酒泉	成功
长征二号	Y4	第4颗返回式卫星	1978 – 01 – 26	酒泉	成功
长征二号丙	Y1	返回式卫星	1982 – 09 – 09	酒泉	成功
长征二号丙	Y2	返回式卫星	1983 – 08 – 19	酒泉	成功
长征二号丙	Y3	返回式卫星	1984 – 09 – 12	酒泉	成功
长征二号丙	Y4	返回式卫星	1985 – 10 – 21	酒泉	成功
长征二号丙	Y5	返回式卫星	1986 – 10 – 06	酒泉	成功
长征二号丙	Y6	返回式卫星	1987 – 08 – 05	酒泉	成功
长征二号丙	Y7	返回式卫星	1987 – 09 – 09	酒泉	成功
长征二号丙	Y8	返回式卫星	1988 – 08 – 05	酒泉	成功
长征二号丙	Y9	返回式卫星	1990 – 10 – 05	酒泉	成功
长征二号丙	Y10	返回式卫星/瑞典弗利亚试验卫星	1992 – 10 – 06	酒泉	成功
长征二号丙	Y11	返回式卫星	1993 – 10 – 08	酒泉	成功
长征二号丙	Y14	TS – 1/NX – 1	2004 – 04 – 18	西昌	成功
长征二号丙	Y12	返回式卫星	2004 – 08 – 29	酒泉	成功
长征二号丙	Y15	前哨一号	2004 – 11 – 18	西昌	成功
长征二号丙	Y13	返回式卫星	2005 – 08 – 02	酒泉	成功
长征二号丙	Y16	育种卫星	2006 – 09 – 09	酒泉	成功
长征二号丙 SM	Y1	探测一号	2003 – 12 – 30	西昌	成功
长征二号丙 SM	Y2	探测二号	2004 – 07 – 25	太原	成功
长征二号丙改	Y1	铱星模型	1997 – 09 – 01	太原	成功
长征二号丙改	Y2	铱星	1997 – 12 – 08	太原	成功

火箭名称	火箭编号	有效载荷	发射时间	发射场	备注
长征二号丙改	Y3	铱星	1998 – 03 – 26	太原	成功
长征二号丙改	Y4	铱星	1998 – 05 – 02	太原	成功
长征二号丙改	Y5	铱星	1998 – 08 – 20	太原	成功
长征二号丙改	Y6	铱星	1998 – 12 – 19	太原	成功
长征二号丙改	Y7	铱星	1999 – 06 – 12	太原	成功
长征二号丁	Y1	返回式卫星	1992 – 08 – 09	酒泉	成功
长征二号丁	Y2	返回式卫星	1994 – 07 – 03	酒泉	成功
长征二号丁	Y3	返回式卫星	1996 – 10 – 20	酒泉	成功
长征二号丁	Y4	返回式卫星	2003 – 11 – 03	酒泉	成功
长征二号丁	Y5	返回式卫星	2004 – 09 – 27	酒泉	成功
长征二号丁	Y6	返回式卫星 TS – 2	2005 – 07 – 06	酒泉	成功
长征二号丁	Y7	返回式卫星	2005 – 08 – 29	酒泉	成功

"长征二号捆"运载火箭

"长征二号"运载火箭经多次改型，发展出多种型号、多种技术状态的火箭，多年使用，大量发射，证明其安全可靠，受到广泛欢迎。

但是"长征二号"运载火箭的运载能力已经发展到顶峰，火箭起飞推力2960千牛，起飞质量240吨，已经不能再增加。如何以更强的运载能力更好地适应我国航天事业发展和国外发射市场的需求，这是航天人考虑多年的问题。经过大量分析论证，他们提出了以"长征二号"运载火箭为基础，研制新型捆绑火箭的方案。即将"长征二号"运载火箭一级和二级都适当加长，使一级推进剂加注量增加43吨，二级推推进剂加注量增加50吨，同时再在周围捆绑4个较小的火箭，每个小火箭安装一台与中间芯一级相同的发动机，推力740千牛，直径2.25米，长15.3米，加注约38吨推进剂，起名叫"长征二号捆"运载火箭，代号CZ–2E。周围捆绑的4个较小的火箭，作用是提高整个火箭的推力，帮助火箭起飞和加速飞行，故名助推器。

“长征二号捆”运载火箭有4个助推器，起飞时有8台发动机点火工作，推力是“长征二号”运载火箭的2倍，达到5920千牛，火箭起飞质量也大大增加，接近460吨，运载能力也大为提高。

“长征二号捆”是以加长型“长征二号丙”火箭为芯级，捆绑四台液体助推器而构成的一种地轨道两级液体运载火箭。火箭全长49.686米，芯级最大直径11.45米，运载能力在近地轨道为9200千克。“长征二号捆”火箭主要为商业发射服务。自1990年7月16日首次发射模拟星和巴基斯坦的BADR－A星成功后，截至1995年，共计发射7次，其中失败2次，即在第3、5次发射中，均出现卫星爆炸的情况。在随后的故障调查报告中，分析故障的出现是由于星箭双方的技术协调不彻底，存有隐患，双方均应采取措施，分别加强卫星和整流罩的设计。中国运载火箭技术研究院认真总结，从故障中学习，进一步认识了高空风修正问题。在后来的第6、7次发射中，“长征二号捆”火箭均取得成功。“长征二号捆”火箭是我国目前进入国际市场、用于低轨道发射任务的主要火箭。

“长征二号”运载火箭是中国航天运载器的基础型号。“长征三号”系列运载火箭和“长征四号”系列运载火箭都是在它的技术基础上发展起来的。

“长征二号F”运载火箭

“长征二号F”运载火箭是以“长征二号E”即“长征二号捆绑式”火箭为基础，按照发射载人飞船的要求，以提高可靠性、确保安全性为目标研制的。火箭由四个液体助推器、芯一级火箭、芯二级火箭、整流罩和逃逸塔组成，总高度近59米，近地轨道运载能力9.5吨，起飞质量480吨。

“长征二号F”运载火箭有箭体结构、控制系统、动力装置、故障检测处理系统、逃逸系统、遥测系统、外测安全系统、推进剂利用系统、附加系统、地面设备等10个分系统。其中，故障检测处理系统和逃逸系统是其他型号的运载火箭所没有的，只有载人发射的火箭才专门增加了这两个新系统，目的是确保航天员的安全。其作用是在飞船入轨前监测运载火箭的状态，若发生

重大故障，可让载有航天员的飞船安全地脱离危险区。

从 1992 年开始研制的"长征二号 F"火箭，可靠性指标达到 0.97，航天员安全性指标达到 0.997，是目前国内可靠性、安全性指标最高的运载火箭。它曾成功地将 6 艘"神舟"飞船送入太空预定轨道，发射成功率达到 100%，其可靠稳定的飞行性能得到了检验。

为了提高火箭的可靠性，"长征二号 F"火箭主要有 3 个方面的较大改进：

第一，火箭的二级增压管路材料由铝换成了钢，使其在高温下的强度得到提高。

第二，对发动机输送管路上的续压器进行改进，使用了变能续压器，降低了飞行过程中产生的一些接近人体频率的震动，进一步提高了宇航员在舱内的舒适性。

第三，火箭还增加了一台摄像装置，位于火箭二级的尾舱部位。通过它可以从火箭内部观察到火箭一、二级的分离过程，还可以看到二级发动机的工作、点火过程。另外两个摄像头，分别装配在整流罩内和火箭箭体外。三个摄像头一起，向地面传输、显示最直观的火箭飞行状况。

……➡️ 知识点

返回式卫星

返回式卫星指在轨道上完成任务后，有部分结构会返回地面的人造卫星。返回式卫星最基本的用途是照相侦察。比起航空照片，卫星照片的视野更广阔、效率更高。早期由于技术所限，必须利用底片才能拍摄高清晰度的照片，因此必须让卫星带同底片或用回收筒将底片送回地面进行冲洗和分析。各个航天大国都曾利用返回式卫星作军事侦察及国土普查用途。现在由于可从卫星上直接传送影像数据到地面，返回式卫星的功能又演变为回收实验品的空间试验室。

跨出国门，走向世界

1990 年"长征三号"运载火箭进入国际发射服务市场，首次发射美国制造的"亚洲一号"通信卫星获得成功。从此，中国航天跨出国门，走向世界。"长征三号"系列火箭采用了先进的氢氧发动机技术，先后把 10 多颗静止轨道通信卫星和气象卫星送上 36000 千米的赤道上空，令世人刮目相看。其中"长征三号乙"火箭的近地轨道运载能力达到 5 吨，与世界上著名的大型运载火箭相比毫不逊色。

"长征三号"运载火箭是在"长征二号"运载火箭的基础上研制的，关键技术在于火箭的第三级。第三级火箭首次采用低温液氢和液氧作推进剂，液氧沸点温度在 −183℃，液氢沸点温度在 −253℃，液氢还具有易燃易爆的特点。在低温状态下，许多金属材料的物理特性和力学性能都发生了变化，因此需要在大量试验研究之后，才能合理正确地选择合适的金属材料。另外，箱体绝热、防爆、防渗、飞行中推进剂的管理、氢渗漏的检查和低温下流量的测量等问题都是需要攻坚的课题。

"长征三号"运载火箭第三级使用的是氢氧发动机，由一个涡轮泵和四个

"长征三号"运载火箭

独立的推力室并联组成。在研制过程中，还解决了防雷击、防静电、防电子辐射、放射频干扰的"四防"问题。为了保证发射和飞行的安全，还采取了防漏、隔离、吹除、通气、探测报警和防爆报警六项措施。

1983 年 10 月，经过 7 年的不懈努力，"长征三号"运载火箭终于完成研制。广大技术人员的共同努力克服了第一次发射的失误，在 1984 年 4 月 8 日 19 时 20 分，"长征三号"火箭第二次发射。火箭准时起飞，飞行正常，按照预定程序飞完全程，成功地将我国自行研制的"东方红二号"同步通信卫星送入地球同步转移轨道。

这次发射成功是一个重大胜利，极大鼓舞了全国人民。不久，卫星在地面测控系统的控制下，顺利进入地球同步轨道，在赤道上空指定位置定点成功。由此，中国成为世界上第四个具有发射地球同步轨道卫星能力的国家。美国国家宇航局局长来信祝贺，称这次成功发射是一个重要的里程碑。

1986 年 2 月，"长征三号"运载火箭又一次将一颗实用通信卫星送入所要求的地球同步转移轨道，进一步提高了我国"长征三号"运载火箭的国际声誉。

"长征三号"运载火箭共完成了 13 次发射。最后一次发射是在 2000 年 6 月 25 日，成功将我国自行设计制造的"风云二号"气象卫星送入同步转移轨道。后来，"长征三号"运载火箭退役，"风云二号"气象卫星的发射任务由"长征三号甲"运载火箭接替。

"长征三号"运载火箭技术参数

参数	一子级	二子级	三子级
推进剂	四氧化二氮/偏二甲肼	四氧化二氮/偏二甲肼	液氢/液氧
发动机型号	YF－21B	YF－24D	YF－73
推力（千牛）	2962	742.04（主机） 46.09（游动发动机）	44.43
发动机比冲（牛·秒/千克）	2550	2922.4（主机） 2761.6（游动发动机）	4119
箭体直径	3.35 米	3.35 米	2.25 米
箭体长度	20.588 米	7.520 米	9.689 米
整流罩直径	3.0 米		
整流罩长度	6.540 米		
火箭全长	44.56 米		
起飞质量	204 吨		

"长征三号甲"运载火箭

人类一直在不断地拓展空间活动范围，从近地轨道到 3.6 万千米高度的地球同步轨道，从距地球 38 万千米远的绕月轨道，再到拜访八大行星，甚至飞出太阳系。每一次飞跃，都大大提高了人类对宇宙的认识，促进了一系列基础科学、科学技术的创新和发展。

20 世纪 70 年代，为了发展自己的卫星通信技术，我国开展了第一期卫星通信工程，代号"331 工程"。"长征三号"运载火箭和"东方红二号"卫星相继诞生。作为我国第一个地球同步通信卫星，"东方红二号"卫星较小，质量仅 1300 千克左右，只有 4 个转发器，不能满足国内日益发展的卫星通信事业的需要。随着通信技术的发展，需要研制、发射更为先进的地球同步轨道通信卫星。

为了加速发展我国的卫星通信事业，"长征三号甲"系列火箭于 1986 年

"长征三号甲"运载火箭蓄势待发

立项研制，主要任务是发射"东方红三号"卫星。当时设计了三种型号，出于模块化和通用化的考虑，"长征三号甲"是单枚三级火箭，捆绑 4 个助推器就成了"长征三号乙"，捆绑 2 个助推器则是"长征三号丙"。

"长征三号甲"运载火箭是以中国运载火箭技术研究院为主体、历时 8 年研制的三级大型液体运载火箭。1986 年 2 月，为了加速发展我国的卫星通信事业，中央决定开展我国第二期卫星通信工程，并于 3 月 31 日批准立项，5 月 31 日正式命名为"862 工程"。该工程的核心是"东方红三号"。当时，"东方红三号"卫星是国内具有 20 世纪 80 年代最新技术水平的通信卫星，其

"长征三号甲"运载火箭从发射场腾空升起的壮观情景

质量约 2.2 吨,"长征三号甲"火箭是与其配套的运载火箭。

"长征三号甲"火箭是在充分继承原有长征型号火箭成熟技术的基础上,采用百余项新技术制造而成,其中在研制中突破了氢氧发动机、四轴惯性平台、氢能源伺服机构、冷氦增压系统四大关键技术,大大提高了我国运载火箭的适应性,增强了其在国际商业发射市场上的竞争能力,使我国运载火箭设计生产水平上了一个新台阶。

"长征三号甲"运载火箭的结构

一子级	一子级长 26.972 米，上部是装有液体四氧化二氮的氧化剂箱，下部是装有液体偏二甲肼的燃烧剂箱。一子级装配有 DaFY6-2 型发动机，该发动机是由四台推力为 75 吨的液体 N_2O_4/UDMH 发动机并联而成。每台 DaFY6-2 型发动机的喷口可以在伺服机构的带动下单向摆动以控制火箭飞行的姿态，最大的摆动角为 10°。
二子级	二子级长 7.826 米，上部是装有液体四氧化二氮的氧化剂箱，下部是装有液体偏二甲肼的燃烧剂箱。二子级装配有 750 吨推力的 DaFY20-1 型发动机（主发动机）和带四个小喷管、推力为 4.8 吨的游动发动机 DaFY21-1。主发动机喷管固定不动，游动发动机喷管可作单向摆动，最大摆角 60°，以控制箭体飞行姿态。
三子级	三子级长 8.835 米，上部是装有液氢的燃烧剂箱，下部是装有液氧的氧化剂箱。三子级采用的是 YF-75 氢氧发动机，具有二次启动能力，由两台独立的单管发动机并联而成，每台推力 8 吨；可在伺服机构的带动下双向摆动，最大综合摆角 4°，控制三子级箭体飞行姿态。
卫星整流罩	在火箭飞行穿过大气层这段过程中，火箭顶部的卫星整流罩保护卫星免受来自大气层的各种干扰。卫星整流罩为卫星提供了一个良好的环境。"长征三号甲"火箭的卫星整流罩由端头帽、前锥段、圆柱段和倒锥段组成。端头帽由玻璃钢纤维材料制成，具有良好的无线电透波性。前锥段和圆柱段是由金属蜂窝材料制成，倒锥段由化铣合金材料制成。如果需要，无线电透波窗口和操作窗口可以在柱段和前锥段上开口。"长征三号甲"火箭整流罩长 8.887 米，最大外直径 3.35 米，其静包络最大直径为 3.0 米。
星箭对接	"长征三号甲"火箭可以提供多种机械接口，但一般来说，提供标准的 937B 和 1194 机械接口。卫星的下端框与火箭的有效载荷支架的上端框对接，通过包带来锁紧。

    "长征三号甲"火箭全长 52.52 米，一、二级直径 3.35 米，三级直径 3米，整流罩直径 3.35 米。火箭起飞质量约 242 吨，起飞推力 2962 千牛。火箭一、二级采用常规推进剂四氧化二氮/偏二甲肼，三级采用低温推进剂液氧/液氢。火箭一级装有四台并联的液体火箭发动机，单台海平面推力为 75 吨，每台均可在伺服机构带动下作切向摇摆，以实现对火箭飞行姿态的控制。二级发动机由一台主机（推力 75 吨）和带四个小喷管的游动发动机（推力为4.8 吨）组成，游动发动机喷管可作单向摇摆，以实现对箭体飞行姿态的控

"长征三号甲"运载火箭从发射场腾空升起

制。三级则采用新研制的氢氧发动机，具有真空二次启动能力，由两台独立的单管发动机并联而成，每台推力 8 吨，可在伺服机构带动下双向摇摆，实现对三级箭体飞行姿态的控制。

1994 年 2 月 8 日，"长征三号甲"火箭首发运载一箭两星发射成功，标志着我国高轨道新运载火箭诞生，"长征"火箭地球同步转移轨道的运载能力提高到了 2600 千克。同时，以"长征三号甲"火箭为芯级，捆绑 4 枚液体助推器形成的"长征三号乙"火箭和捆绑两个助推器形成的"长征三号丙"火箭也相继研制成功，其标准地球同步转移轨道运载能力分别达到了 5100 千克和 3800 千克。它们的运载能力可以覆盖世界上大多数通信卫星，并具有适应性好、继承性高、可靠性高等特点，是我国发射对内、对外高轨道卫星的主力。

"长征三号甲"运载火箭技术参数表

长度	52.52 米
起飞质量	239.87 吨
第一级	发动机型号：DaFY6 - 2
	燃料：偏二甲肼和四氧化二氮
	推力：2961.6 千牛
	箭体直径：3.35 米
第二级	发动机型号：DaFY20 - 1（主机）DaFY21 - 1（游动发动机）
	燃料：偏二甲肼和四氧化二氮
	推力：742 千牛（主机）＋ 11.8 ＊ 4 千牛（游动发动机）
	箭体直径：3.35 米
第三级	发动机型号：YF - 75
	燃料：液氢和液氧
	推力：78.5 ＊ 2
	箭体直径：3.00 米

“长征三号乙”运载火箭

"长征三号乙"运载火箭是中国近十年在国际发射服务市场上的主推火箭，它实际上是以"长征三号甲"作为芯级，在其一级上捆绑了"长征二号捆绑式"的四个助推器，并采用了加长、加强的二级贮箱，其地球同步转移轨道运载能力一跃达到5000千克。"长征三号乙"火箭还可执行其他轨道要求的任务，并且还可满足有效载荷调姿、再定向和起旋要求以及双星和多星发射的要求等。"长征三号乙"火箭可提供多种整流罩以适应不同用户的需要。"长征三号乙"运载火箭在1997年8月和10月先后成功地发射了美国制造的菲律宾"马部海号"卫星和"亚太二号R"卫星。

"长征三号乙"运载火箭

"长征三号乙"运载火箭主要技术参数

参数	助推器	一子级	二子级	三子级
推进剂	N_2O_4/UDMH	N_2O_4/UDMH	N_2O_4/UDMH	LOX/LH2
发动机型号	DaFY5－1	DaFY6－2	DaFY20－1（主机） DaFY21－1（游动发动机）	YF－75
参数	助推器	一子级	二子级	三子级
推力（千牛）	740.4＊4	2961.6	742（主机） 11.8＊4（游动发动机）	78.5＊2
发动机比冲（牛＊秒/千克）	2556.2	2556.2	2922.57（主机） 2910.5（游动发动机）	4312

参数	助推器	一子级	二子级	三子级
箭体直径	2.25 米	3.35 米	3.35 米	3.00 米
箭体长度	15.326 米	23.272 米	9.943 米	12.375 米
整流罩直径	4.00 米			
整流罩长度	9.56 米			
火箭全长	54.838 米			
起飞质量	426 吨			

"长征三号丙"运载火箭

　　"长征三号丙"是在"长征三号甲"单枚三级火箭基础上捆绑两个助推器而成，运载能力为 2600 ~ 3800 千克，介于 2600 千克的"长征三号甲"和 5100 千克的"长征三号乙"之间。2003 年，"长征三号丙"运载火箭完成总体设计。

　　北京时间 2008 年 4 月 25 日 23 时 35 分，中国首颗数据中继卫星"天链一号 01 星"在西昌卫星发射中心由"长征三号丙"运载火箭成功发射升空。

　　"长征三号丙"运载火箭由三级液体火箭捆绑 2 个助推器组成，这种独特的"非全对称"火箭在"长征"系列里是唯一的。为此，设计人员突破了"三通道交联结耦"等关键技术，通过电脑合成控制发动机喷管的摆动，从而确保火箭飞行稳定，首飞成功充分验证了设计的正确性。

　　"长征三号丙"运载火箭的投入使用，填补了中国高轨道运载能力的一个空白，真正实现了我国火箭运载能力系列化。

　　"长征三号丙"运载火箭是继"长征三号甲"与"长征三号乙"之后"长征三号"系列运载火箭的又一成员。除在它的一级上绑有两个"长征二号捆绑式"的助推器外，它的其余结构部分、分系统和"长征三号乙"火箭基本相同。"长征三号丙"运载火箭的地球同步转移轨道的运载能力为 3700 千克，并可以执行各种轨道要求的发射任务。它的推出，为用户根据有效载荷的质量和任务要求而灵活地选用"长征"火箭拓宽了范围。

"长征三号丙"运载火箭

随着时代的发展、科技的进步，世界各国对高轨道卫星的发射需求日益增长，特别是发展中国家对 3000 千克左右的卫星运载需求比较大，加之"长征三号丙"运载火箭可以提供更便宜的发射服务，因而其在国际商业发射市场上有一定前景。

没有一次失败的"长征四号"

"长征四号"运载火箭于 1979 年由上海航天局开始研制，主要任务是作为发射地球同步轨道卫星的另一个方案。到 1982 年，该火箭停止研制，转而在"长征四号"火箭的基础上研制"长征四号 A"火箭以用于发射太阳同步轨道卫星。

"长征四号"系列运载火箭在发射太阳同步轨道气象卫星上显示出强大的优势，保持了发射不败的记录。

"长征四号甲"运载火箭

为了研制发射地球同步轨道卫星的备份火箭，上海航天局从 1979 年开

始，用了 10 年时间终于在 1999 年研制成功了"长征四号甲"和"长征四号乙"，代号分别为 CZ－4A 和 CZ－4B。与"长征三号"类似，"长征四号甲"也是在"长征二号"基础之上增加了一个第三级形成的。火箭的一级和二级都继承了"长征二号"和"长征二号丙"的成熟技术，但是与"长征三号"又有不同：增加的火箭第三级使用了与一、二级相同的常温液体推进剂，安装两台可以双向摆动的发动机，每台真空推力约为 50 千牛。全箭加注之后总质量约为 240 吨，起飞时发动机总推力可达 2940 千牛，火箭全长 42 米，可以把 1600 千克的有效载荷送入 900 千米的太阳同步轨道，也可以把 3800 千克的有效载荷送入高 400 千米、倾角为 70°的低地球轨道。

"长征四号甲"运载火箭，是我国发射第一颗气象卫星"风云一号"的运载火箭。它是在风暴一号基础上增加第三级发动机而成，火箭全长 41.901 米，芯级最大直径 3.35 米，运载能力为太阳同步轨道时 1500 千克。1988 年 9 月 7 日

"长征四号甲"运载火箭

首次发射，成功地将我国第一颗气象卫星"风云一号"送入太阳同步轨道。随后又将第二颗"风云一号"气象卫星发射进入轨道。总共进行两次发射，全部成功。

后来，"长征四号甲"运载火箭进行了技术改进，提高了可靠性能和适应能力。改进后的火箭被称为"长征四号乙"运载火箭。

"长征四号乙"运载火箭

"长征四号乙"是我国在"长征四号甲"运载火箭基础上研制的一种运载能力更大的三级液体运载火箭。火箭全长 45.576 米，芯级最大直径 3.35 米，运载能力在太阳同步轨道为 2200 千克。

"长征四号乙"运载火箭

111

"长征四号乙"主要用于发射太阳同步轨道的对地观察应用卫星。1999
年5月10日,"长征四号乙"火箭首次发射,成功地将"风云一号C"和
"实践五号"卫星准确送入轨道。

"长征四号"系列运载火箭发射的历史情况

火箭名称	火箭编号	有效载荷	发射时间	发射场	备注
长征四号甲	Y1	风云一号	1988 – 09 – 07	太原	成功
长征四号甲	Y2	风云一号	1990 – 09 – 03	太原	成功
长征四号乙	Y2	风云一号	1999 – 05 – 10	太原	成功
长征四号乙	Y1	资源一号01星	1999 – 10 – 14	太原	成功
长征四号乙	Y3	资源二号01星	2000 – 09 – 01	太原	成功
长征四号乙	Y5	风云一号D星/海洋一号卫星	2002 – 05 – 15	太原	成功
长征四号乙	Y6	资源二号02星	2002 – 10 – 27	太原	成功
长征四号乙	Y4	资源一号02星/创新一号卫星	2003 – 10 – 21	太原	成功
长征四号乙	Y7	遥感卫星	2004 – 09 – 09	太原	成功
长征四号乙	Y8	资源二号03星	2004 – 11 – 06	太原	成功
长征四号乙	Y9	遥感卫星	2006 – 04 – 27	太原	成功
长征四号乙	Y10	遥感卫星	2006 – 10 – 24	太原	成功
长征四号乙	Y11	资源一号03星	2007 – 09 – 19	太原	成功

知识点

太阳同步轨道

太阳同步轨道指的就是卫星的轨道平面和太阳始终保持相对固定的取向,
轨道的倾角(轨道平面与赤道平面的夹角)接近90度,卫星要在两极附近通

过，因此又称之为近极地太阳同步卫星轨道。为使轨道平面始终与太阳保持固定的取向，轨道平面每天平均向地球公转方向（自西向东）转动 0.9856 度（即 360 度/年）。

承载中国航天希望的"长征五号"

"长征五号"是中国研制的新一代重型运载火箭系列，与欧洲"阿丽亚娜－5"基本同级。其设计思想以通用化、系列化、组合化为重点。可搭载两种专门为其设计的火箭发动机，分别为推力 120 吨的 YF－100 液氧煤油发动

新一代大运载火箭"长征五号"

机和推力50吨的YF-77氢氧发动机。"长征五号"系列实行模块化设计，由直径为5米、3.35米和2.25米的三种模块构成。其中5米模块包含两个50吨级的YF-77发动机，3.35米模块则包含两个120吨级的YF-100发动机。模块化设计的好处是可以根据需要把不同模块组装成不同推力的火箭，以执行不同的任务。例如系列中最为强大的型号，以两个5米模块为主推进器，另配有4个3.35米模块为助推器。

中国大推力火箭的论证起始于1986年。当时主要考虑的是发展大直径、高可靠、无污染的新一代运载火箭，以适应国际商业卫星发射市场和中国未来卫星发射和深空探测的更高需求。然而，正式批准研制却是在21年后。

2007年5月10日，国务院审议通过了《航天发展"十一五"规划》，批准大推力火箭作为16个重大科技专项之一投入研制。这一消息让所有航天人兴奋不已。

"长征五号"运载火箭

目前中国的火箭在200千米低轨道最大有效载荷是10吨，36000千米高轨道最大有效载荷为5.1吨，这个运载能力和发达国家相差一半，"长征五号"的出现弥补了这一差距。"长征五号"可以一箭双星或一箭一星发射大卫星、重卫星、重20吨以上的空间站以及月球车。探月工程中的"落"、"回"两大阶段都需要大火箭的推力。

除了大推力之外，与原有火箭相比，新一代大型火箭还有许多其他优势。一是采用液氧煤油或液氢液氧发动机，做到无毒无污染；二是模块化设计，能满足不同重量有效载荷的发射需要，增加了选择性和提高了发射的灵活性；三是提高可靠性，能大幅度提高火箭发射成功率。

为实现我国航天事业的可持续发展，满足新一代运载火箭和新型航天器发射任务需求，2007年8月，国务院和中央军委正式批准在海南文昌建设新一代运载火箭发射场。日前，新发射场可行性研究报告已获国家批准，计划近期开工建设。

在"长征五号"运载火箭和位于海南岛的海南文昌航天发射基地问世后，中国将具备25吨的近地轨道运载能力和12吨的地球同步轨道运载能力，可发射20吨级长期有人照料的空间站、大型空间望远镜、返回式月球探测器、深空探测器、超重型应用卫星等。预计"长征五号"将于2014年开始服役。

在文昌新建航天发射场有五大理由：一是地理位置优越；二是大型运载火箭可以海上运输；三是沿海与内陆相结合；四是高低纬度相结合；五是各种射向范围相结合。

新发射场建成后，将承担地球同步轨道卫星、大质量极轨卫星、空间站、深空探测卫星等航天器发射任务，将极大提高我国航天发射的综合能力。

继往开来的长征火箭

北京时间2007年6月1日0时08分，随着"长征三号甲"运载火箭将"鑫诺三号"通信卫星成功送入太空，中国"长征"系列运载火箭顺利完成第100次航天发射，"长征"火箭的发射记录也由两位数步入三位数。

这100次航天发射，是中国航天事业发展史上的一座重要里程碑，它标志着中国"长征"火箭已形成一个成熟的航天运载体系，标志着中国将由航天大国进入航天强国的行列。

北京时间2008年10月，"长征"火箭成功将"神舟七号"飞船送入太空，中国"长征"系列运载火箭完成了第109次航天发射。

从1970年4月"长征一号"火箭成功发射中国第一颗人造地球卫星"东方红一号"开始，中国"长征"火箭走过从常规推进到低温推进、从串联到

捆绑、从一箭单星到一箭多星、从发射卫星载荷到发射飞船的技术历程，已形成四大系列12种型号的航天运载产品，具备发射各种轨道空间飞行器的能力，并在可靠性、安全性、发射成功率、入轨精度等方面达到国际一流水平。

中国"长征"家族从无到有，从低轨道到高轨道，从低运载能力到高运载能力，从发射卫星到发射飞船，谱写了中华航天史话一页页新篇章。

中国已经自主研制了多个型号的"长征"运载火箭，形成了完整的系列，质量可靠，技术含量高，经济性能好，能够满足各种轨道、多种航天器的发射要求，具有较强的国际竞争能力。

从1970年4月中国"长征一号"火箭成功发射第一颗中国人造地球卫星"东方红一号"，到2008年10月成功将"神舟七号"送入太空，"长征"运载火箭共进行了109次发射，先后把85颗不同类型的国产卫星、30颗外国制造的卫星和7艘"神舟"飞船送入了太空。

在当今世界上的几个大的系列运载火箭中，美国的"德尔它"火箭发射成功率约为94％，欧空局的"阿丽亚娜"火箭发射成功率约为93％，俄罗斯的"质子号"火箭的发射成功率约为90％，而中国的"长征"火箭的发射成功率也已经达到了92％，进入了世界一流运载火箭的行列。

如今，中国"长征"火箭已成为国际宇航市场上知名的高科技品牌，在国际商业卫星发射服务市场上占有重要的地位。

翻开发射记录，中国"长征"火箭完成前50次发射用了28年，后50次只用了9年。业内人士预测，中国"长征"火箭将用更短的时间，去完成下一个100次航天发射。

未来几年，整个中国航天还将有50多次发射，每年平均10多次，在世界航天的发展和建设史上，中国进入到一个产业化的阶段。

在"长征"发射取得长足进步之后，中国航天运载能力更有了新的提升。目前科研人员正在进行新一代大运载火箭的研制工作，它能将中国现有的运载能力提高到原来的3倍左右。

在"长征"火箭家族中，有四大系列："长征一号"系列，包括"长征一号"和"长征一号D"，主要发射近地轨道的小型卫星；"长征二号"系列，包括"长征二号"、"长征二号 C"、"长征二号 D"、"长征二号改"、"长征二号 E"和"长征二号 F"，主要发射近地轨道中的中型、大型卫星和其他航天器；"长征三号"系列，包括"长征三号"、"长征三号 A"、"长征三号 B"和"长征三号 C"，主要用于发射地球同步高轨道卫星和航天器；"长征四号"系列，包括"长征四号 A"、"长征四号 B"和"长征四号 C"，主要发射太阳同步轨道卫星。这四大系列包括已经完成飞行试验的 14 种"长征"火箭，其对应的地轨道能力为 0.2 ~ 9.2 吨，太阳同步轨道运载能力为 0.4 ~ 2.8 吨，地球同步转移轨道运载能力为 1.5 ~ 5.1 吨，基本覆盖了低、中、高地球轨道。

百尺竿头，更进一步，完成 100 多次航天发射的中国"长征"火箭也开启了它的新长征。初步定名为"长征五号"的中国新一代无毒、无污染、高性能、低成本和大推力的运载火箭，已经突破多项关键技术，进入到实质性研制阶段，"长征"家族再添新丁指日可待。

中国运载火箭技术研究院研制的"长征"火箭飞行记录

序号	运载火箭	发射日期	航天器名称	结果
77	长征二号 F	2008 – 09 – 25	神舟七号飞船	成功
76	长征三号甲	2007 – 06 – 01	鑫诺 3 号	成功
75	长征三号乙	2007 – 07 – 05	中星 6 号 B	成功
74	长征三号乙	2007 – 05 – 14	尼日利亚通信卫星	成功
73	长征三号甲	2007 – 04 – 14	导航试验卫星	成功
72	长征三号甲	2007 – 02 – 03	北斗导航试验卫星	成功
71	长征三号甲	2006 – 12 – 08	风云二号卫星	成功
70	长征三号甲	2006 – 09 – 13	中星 22 号 A	成功
69	长征二号 F	2005 – 10 – 12	神舟六号飞船	成功
68	长征二号丁	2005 – 08 – 29	返回式卫星	成功
67	长征二号丁	2005 – 07 – 06	TS – 2	成功
66	长征三号乙	2005 – 04 – 12	亚太 6 号卫星	成功

序号	运载火箭	发射日期	航天器名称	结果
65	长征三号甲	2004 - 10 - 24	嫦娥一号月球探测卫星	成功
64	长征二号丁	2004 - 09 - 27	返回式卫星	成功
63	长征三号甲	2003 - 11 - 15	中星 20 号	成功
62	长征二号丁	2003 - 11 - 03	返回式卫星	成功
61	长征二号 F	2003 - 10 - 15	神舟五号飞船	成功
60	长征三号甲	2003 - 05 - 25	北斗导航试验卫星	成功
59	CZ - 2FF - 04	2002 - 12 - 30	神舟四号飞船	成功
58	CZ - 2FF - 03	2002 - 03 - 25	神舟三号飞船	成功
57	CZ - 2FF - 02	2001 - 01 - 10	神舟二号飞船	成功
56	CZ - 3AF - 06	2000 - 12 - 21	北斗导航试验卫星	成功
55	CZ - 3AF - 05	2000 - 10 - 31	北斗导航试验卫星	成功
54	CZ - 3F - 13	2000 - 06 - 25	风云二号	成功
53	CZ - 3AF - 04	2000 - 01 - 26	中星 22 号	成功
52	CZ - 2FF - 01	1999 - 11 - 20	神舟载人飞船	成功
51	CZ - 2CF - 21	1999 - 06 - 12	铱星	成功
50	CZ - 2CF - 20	1998 - 12 - 19	铱星	成功
49	CZ - 2CF - 19	1998 - 08 - 20	铱星	成功
48	CZ - 3BF - 05	1998 - 07 - 18	鑫诺一号	成功
47	CZ - 3BF - 04	1998 - 05 - 30	中卫一号	成功
46	CZ - 2CF - 18	1998 - 05 - 02	铱星	成功
45	CZ - 2CF - 17	1998 - 03 - 26	铱星	成功
44	CZ - 2CF - 16	1997 - 12 - 08	铱星	成功
43	CZ - 3BF - 03	1997 - 10 - 17	亚太二号 R	成功
42	CZ - 2CF - 15	1997 - 09 - 01	铱星	成功
41	CZ - 3BF - 02	1997 - 08 - 20	马部海卫星	成功
40	CZ - 3F - 12	1997 - 06 - 10	风云二号	成功

续 表

序号	运载火箭	发射日期	航天器名称	结果
39	CZ – 3AF – 03	1997 – 05 – 12	东方红三号	成功
38	CZ – 3F – 11	1996 – 08 – 18	中星七号	失败
37	CZ – 3F – 10	1996 – 07 – 03	亚太一号甲	成功
36	CZ – 3BF – 01	1996 – 02 – 15	国际星 708 号	失败
35	CZ – 2EF – 07	1995 – 12 – 28	艾科斯达一号	成功
34	CZ – 2EF – 06	1995 – 11 – 28	亚洲二号	成功
33	CZ – 2EF – 05	1995 – 01 – 26	亚太二号	失败
32	CZ – 3AF – 02	1994 – 11 – 30	东方红三号	成功
31	CZ – 2EF – 04	1994 – 08 – 28	澳星 B3	成功
30	CZ – 3F – 09	1994 – 07 – 21	亚太一号甲	成功
29	CZ – 3AF – 01	1994 – 02 – 08	实践四号和模拟星	成功
28	CZ – 2CF – 14	1993 – 10 – 08	返回式卫星	成功
27	CZ – 2EF – 03	1992 – 12 – 21	澳星 B2	失败
26	CZ – 2CF – 13	1992 – 10 – 05	瑞典弗利科学卫星返回式卫星一号甲	成功
25	CZ – 2EF – 02	1992 – 08 – 14	澳星 B1	成功
24	CZ – 3F – 08	1991 – 12 – 28	东方红二号甲	失败
23	CZ – 2CF – 12	1990 – 10 – 05	返回式卫星	成功
22	CZ – 2EF – 01	1990 – 07 – 16	巴基斯坦科学实验卫星	成功
21	CZ – 3F – 07	1990 – 04 – 07	亚星一号	成功
20	CZ – 3F – 06	1990 – 02 – 04	东方红二号甲	成功
19	CZ – 3F – 05	1988 – 12 – 22	东方红二号甲	成功
18	CZ – 2CF – 11	1988 – 08 – 05	返回式卫星	成功
17	CZ – 3F – 04	1988 – 03 – 07	东方红二号甲	成功
16	CZ – 2CF – 10	1987 – 09 – 09	返回式卫星	成功
15	CZ – 2CF – 09	1987 – 08 – 05	返回式卫星	成功

续 表

序号	运载火箭	发射日期	航天器名称	结果
14	CZ - 2CF - 08	1986 - 10 - 06	返回式卫星	成功
13	CZ - 3F - 03	1986 - 02 - 01	东方红二号甲	成功
12	CZ - 2CF - 07	1985 - 10 - 21	返回式卫星	成功
11	CZ - 2CF - 06	1984 - 09 - 12	返回式卫星	成功
10	CZ - 3F - 02	1984 - 04 - 08	东方红二号	成功
9	CZ - 3F - 01	1984 - 01 - 29	东方红二号	失败
8	CZ - 2CF - 05	1983 - 08 - 19	返回式卫星	成功
7	CZ - 2CF - 04	1982 - 09 - 09	返回式卫星	成功
6	CZ - 2CF - 03	1978 - 01 - 26	返回式卫星	成功
5	CZ - 2CF - 02	1976 - 12 - 07	返回式卫星	成功
4	CZ - 2CF - 01	1975 - 11 - 26	返回式卫星	成功
3	CZ - 2F - 01	1974 - 11 - 05	返回式卫星	失败
2	CZ - 1F - 02	1971 - 03 - 03	实践一号	成功
1	CZ - 1F - 01	1970 - 04 - 24	东方红一号	成功

外星发射一览

自 1985 年 10 月，我国正式宣布"长征"系列运载火箭投入国际发射市场，至 2007 年 7 月 5 日"长征三号乙"运载火箭发射"中星 6 号 B"卫星成功，20 多年来"长征"系列运载火箭共进行了 27 次外星发射，成功地将 28 颗国外卫星送入预定轨道。

其中"长征二号丙"运载火箭正式发射 7 次，全部成功，把瑞典"FRE-JA 号"搭载星和 12 颗美国摩托罗拉公司的"铱星"送入要求的轨道；"长征三号"运载火箭发射 4 次，3 次成功，将 3 颗国外卫星送入地球同步转移轨道；"长征二号 E"捆绑型运载火箭发射 8 次，5 次成功，将一颗巴基斯坦搭载星和其他 4 颗国外卫星送入预定轨道；"长征三号乙"运载火箭发射 8 次，

7 次成功，将 7 颗国外卫星送入地球同步转移轨道。

"长征"系列运载火箭发射国外卫星的情况

火箭名称	火箭编号	卫星名称	发射时间	发射场	备注
长征二号丙	Y10	瑞典 FREJA 号搭载星	1992 – 10 – 06	酒泉	成功
长征二号丙改	Y2	铱星	1997 – 12 – 08	太原	成功
长征二号丙改	Y3	铱星	1998 – 03 – 26	太原	成功
长征二号丙改	Y4	铱星	1998 – 05 – 02	太原	成功
长征二号丙改	Y5	铱星	1998 – 08 – 20	太原	成功
长征二号丙改	Y6	铱星	1998 – 12 – 19	太原	成功
长征二号丙改	Y7	铱星	1999 – 06 – 12	太原	成功
长征三号	Y7	亚洲卫星 1 号	1990 – 04 – 07	西昌	成功
长征三号	Y8	亚太 1 号	1994 – 07 – 21	西昌	成功
长征三号	Y10A	亚太 1 号 A	1996 – 07 – 03	西昌	成功
长征三号	Y14	中星 7 号	1996 – 08 – 18	西昌	失败
长征二号 E	Y1	巴基斯坦搭载星	1990 – 07 – 16	西昌	成功
长征二号 E	Y2	澳普图斯 1 号	1992 – 03 – 22	西昌	火箭没有起飞
长征二号 E	Y3	澳普图斯 1 号	1992 – 08 – 14	西昌	成功
长征二号 E	Y4	澳普图斯 2 号	1992 – 12 – 21	西昌	发射成功，卫星爆炸
长征二号 E	Y5	澳普图斯 3 号	1994 – 08 – 28	西昌	成功
长征二号 E	Y6	亚太卫星 APT	1995 – 01 – 26	西昌	发射成功，卫星爆炸
长征二号 E	Y7	亚洲卫星 2 号	1995 – 11 – 28	西昌	成功
长征二号 E	Y8	回声号卫星	1995 – 12 – 28	西昌	成功

续 表

火箭名称	火箭编号	卫星名称	发射时间	发射场	备注
长征三号乙	Y1	国际通信卫星7号A	1996－02－15	西昌	失败
长征三号乙	Y2	菲律宾马部海号卫星	1997－08－20	西昌	成功
长征三号乙	Y3	亚太2号R卫星	1997－10－17	西昌	成功
长征三号乙	Y5	中卫1号	1998－05－30	西昌	成功
长征三号乙	Y4	鑫诺1号卫星	1998－07－18	西昌	成功
长征三号乙	Y6	亚太6号卫星	2005－04－12	西昌	成功
长征三号乙	Y9	尼日利亚能信卫星	2007－05－14	西昌	成功
长征三号乙	Y10	中星6号B	2007－07－05	西昌	成功

"神舟"飞天

"长征二号捆"运载火箭

随着航天科技的发展，载人航天逐渐被提上了我国航天事业发展的日程。

在载人航天中，保证宇航员的生命安全是第一位的。这就对运载火箭提出了很高的要求。"长征二号捆"运载火箭的研制和发射成功，为我国实现载人航天事业奠定了一定的技术基础，但是它依然不能满足载人航天的基本要求。不过，"长征二号捆"运载火箭在当时我国研制、发射成功的运载火箭中，是最接近载人航天要求的。

根据我国高技术研究发展计划方案论证的结果，我国发展载人航天的核心是研制8

吨级载人飞船，而"长征二号捆"运载火箭低地球轨道运载能力就已经达到了 8 吨。并且，与当时具有 8 吨运载能力的另一种运载火箭"长征三号乙"相比，"长征二号捆"运载火箭的动力系统完全继承了"长征二号"运载火箭的技术，并且经过近百次发射和飞行的考验，变得更成熟、稳定；"长征三号乙"运载火箭比它多了氢氧第三级，结构复杂，可靠性相应降低，尤其是新研制的氢氧发动机，还没有经过充分的飞行试验考核，液氢和液氧的使用安全性也有待进一步验证。此外，"长征三号乙"运载火箭

"长征二号捆"运载火箭

是三级火箭，长度远比"长征二号捆"运载火箭要长，如果再加上载人飞船，长度会超过极限。所以，以"长征二号捆"运载火箭为基础研制新型载人运

"神舟二号"飞船

载火箭是最佳选择。

"长征二号捆"运载火箭要达到载人航天的要求，首先要解决三个方面的问题。一是改进火箭三个系统，主要是控制系统、动力系统和结构系统的设计，提高火箭发射和飞行的安全性、可靠性，以达到载人的相关要求。第二，增加火箭故障检测处理系统，实时监测火箭各个系统的工作状况，做到及时发现火箭飞行故障，并保证能够做出正确判断。第三，火箭逃逸救生系统的设计，也就是说，在火箭发射和飞行的过程中，一旦出现故障危及宇航员生命安全的时候，它能够帮助宇航员迅速脱离危险区域，安全返回地面。

为了提高火箭发射和飞行的可靠性，工程师对火箭的控制系统进行了全新的设计，不但提高了所有元器件的等级和筛选标准，并且重要仪器设备都采用双套同时开动，即一套仪器发生故障，立即启用备用的另外一套，以保证火箭的正常飞行。重要信号及其转换采用双点双线，甚至三点三线进行，确保万无一失。火箭的结构也根据情况进行了加强设计，提高了安全系数。经过技术人员的不懈努力，火箭的可靠性指标从 91% 提高到了 97%，基本上达到了载人运载火箭的相关要求。

从 1992 年立项开始，经过 7 年的努力研制和不懈奋斗，中国第一个载人运载火箭"长征二号 F"终于在 1999 年研制成功。

1999 年 11 月 20 日，第一枚"长征二号 F"运载火箭从酒泉载人航天发射场发射升空，首次将我国第一艘

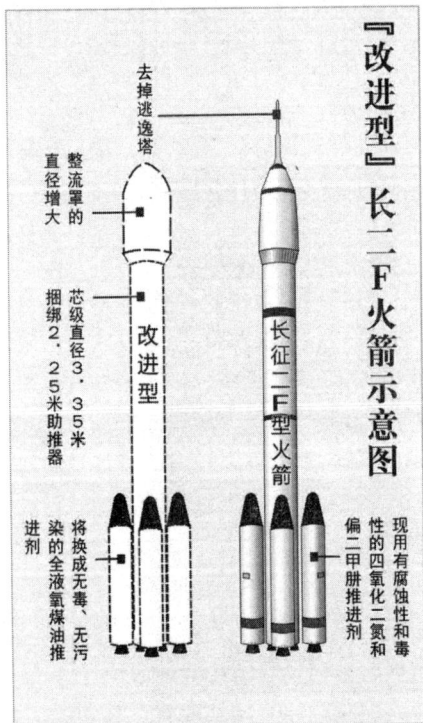

改进型"长征二号 F"火箭示意图

无人试验飞船——"神舟一号"送入预定轨道，完成了我国载人飞船的第一次无人飞行试验。

此后，2001年1月10日、2002年3月25日和2002年12月30日分别进行了3次发射，将"神舟二号""神舟三号"和"神舟四号"无人试验飞船送入要求轨道。至此，我国载人飞船的无人飞行实验任务圆满完成，为正式载人飞行做好了准备。连续4次圆满发射成功，也是对"长征二号F"运载火箭载人航天能力的初步考核。

2003年10月15日，首次载人航天的神圣时刻终于来临。

第五发"长征二号F"运载火箭，载着我国首次载人航天的飞船——"神舟五号"，竖立在酒泉载人航天发射场100多米高的巨型发射塔架上。

8点30分，喇叭里发出"30分钟准备"的指令，火箭发射前30分钟的准备工作开始了。宇航员杨利伟乘坐电梯登上发射塔，进入飞船返回舱。8点45分，火箭和飞船各仪器开始由地面供电转向火箭和飞船自身供电，控制发动机摆动的伺服机打开，火箭和飞船做好了一切准备，处于待发状态。宇航员杨利伟神态自若，坐在飞船返回舱内等待神圣时刻的到来。"一分钟准备"，

"神舟六号"航天员费俊龙亲手拍摄的太空摄影009号作品《地球、冰、云》

全国各地的测量跟踪站转入跟踪测量状态，火箭准备起飞了，"倒计时开始，10，9，8，7，6，5，4，3，2，1，点火！"9点整，神箭尾部喷出一团橘红色的烈焰，随着震天的轰鸣声，"长征二号F"运载火箭，载着"神舟五号"飞船拔地而起，划过天空，直飞苍穹，为我国第一位宇航员叩开了进入太空的大门。

"长征二号捆"运载火箭

从全国各地测控站和太平洋上"望远号"测量船不断传来的测控报告和测量数据，显示飞船一切正常。"神舟五号"飞船载着中国第一位宇航员杨利伟开始围绕地球飞行，绕地14圈之后，于10月16日凌晨6时23分在内蒙古安全着陆。中国首次载人航天取得圆满成功，中华民族几千年来的飞天梦终于实现。我国成为继美国和前苏联之后世界上第三个掌握载人航天技术并成功发射载人飞船的国家。

2005年10月12日，第六发"长征二号F"又将"神舟六号"飞船准确送入预定轨道。两位宇航员费俊龙和聂海胜在太空连续飞行5天后顺利返航。

2008年9月25日，第七发"长征二号F"运载火箭又将"神舟七号"飞船送入太空，三位宇航员分别是翟志刚、刘伯明、景海鹏，其中翟志刚成为中国航天出舱行走第一人。"神舟七号"载人航天飞行的圆满成功，实现了我国空间技术发展的重大跨越，标志着我国成为世界上第三个独立掌握空间出舱关键技术的国家。

知识点

铱 星

1997、1998 年，美国铱星公司发射了几十颗用于手机全球通讯的人造卫星，这些人造卫星就叫铱星。铱星移动通信系统是美国铱星公司委托摩托罗拉公司设计的一种全球性卫星移动通信系统，它通过使用卫星手持电话机，可透过卫星在地球上的任何地方拨出和接收电话讯号。

飞向宇宙更深处

在当前航天领域，深空探测越来越引起人们的关注。进行深空探测，可以进一步解答地球如何起源与演变、行星和太阳系究竟是如何形成和演化、人类是不是宇宙中唯一的生命、地球的未来将如何等一系列问题，同时有利于人类积极开发和利用空间资源。

尽管充满挑战和风险，尽管曾经遭遇失败，但人类探测深空的脚步不仅没有停止，反而在不断迈进，而且步伐还将越来越快。在行星际探测方面，过去40年里，美国、前苏联、欧洲航天局及日本等先后发射了100多个行星际探测器，既有发向月球的，也有发向金星、水星、火星、木星、土星、海王星和天王星等各大行星的，还有把"镜头"指向我们地球及周边环境的。

通过这些深空探测活动所得到的关于太阳系的认识是人类数千年来所获有关知识总和的千万倍。当然，所有这些成就都离不开火箭的发展。

奔月之路

探索浩瀚的宇宙，是人类千百年来的美好梦想。而月球，更是引发了人类无尽的想象。我国在远古时就有"嫦娥奔月"的神话。外国也有许多有关月亮的美好传说。

月球是距离地球最近的天体，但是月球表面的引力只有地球表面的六分之一，上面没有大气，日出、日落的一昼夜相当于地球上的近 30 天，白天表面温度高达 120℃ 以上，夜晚的最低温度又降到 -183℃，在这样严酷的自然环境里，人类根本没有办法生存下去。

随着航天科技的进步和发展，人们发现月球是科学研究的好地方，是进行天文观测的理想基地，还可以作为深空探测的中继站，因此世界各国在航天计划中都把月球探测作为一个重点。

20 世纪 60 年代，国际上曾经掀起过一次探月热潮，美国的阿波罗登月计划就是在这次热潮中实施的。近年来科学研究表明，月球极区可能有水冰存在，月壤中蕴藏着丰富的核能材料"He-3"，如果真能够开发出来加以利用，那么它可以作为新的能源供我们使用。因此，世界范围内再次掀起第二次探月的热潮。

怎样摆脱地球引力的束缚把月球探测装置送入太空呢？火箭在人类飞向月球的过程中肩负着不可替代的重任。无论是飞近月球进行观察的探测器的

运送还是登月载人飞船的运载，都需要首先研制出具有足够运载能力、性能优良的运载火箭。

根据多年来的观测和探测分析，人类已经掌握了大量有关月球的数据和探索技术。月球是地球唯一一颗天然卫星，和人造地球卫星一样，月球围绕地球运动的轨道也是椭圆形轨道，但是由于受到太阳和其他星体吸引力的影响，这个椭圆轨道也在不停变化。月球除了围绕地球公转，还围绕自转轴自转，自转一周需要的时间与它围绕地球公转一圈的时间相同，所以月球对着地球的一面总是面向着地球，背着地球一面的也总是背对地球，我们看不到月球的另一面，这更增加了它的神秘感。

通过对月球的精确观测，人们发现，月球半径约为1738千米，不到地球半径的1/3，体积约为地球的1/49，质量约为地球的1/81.3，月球表面的引力加速度是1.62米/秒^2，约为地球表面引力加速度的1/6。

月面山岭起伏，还有洋、海、湾、湖等各种特定名称。月面的地形主要有：环形山、月海、月陆和山脉、月面辐射纹、月谷（月隙）。其实月面上并没有水。环形山是碗状凹坑结构。直径大于1千米的环形山有33000多个。许多环形山的中央有中央峰或峰群。肉眼所看到的月面上的暗淡黑斑叫月海，是广阔的平原。月海有22个，最大的是风暴洋，面积500万平方千米。

实现从地球到月球这样一个远距离发射，在火箭、轨道设计等技术层面要实现重重突破，才能圆满地完成这次任务。难点主要有四个方面：

第一个问题是轨道设计，这样的轨道我们第一次飞。第二个问题是控制问题，在飞行中有火箭的控制，有卫星的控制。火箭与卫星在飞行当中必须有一个参考系，就像船在大海航行，必须有个灯塔指令航程，所以飞行过程中需要很多的参考机制，这些都是控制上的问题。第三个问题是环境适应。因为它从地球出发要经过大气层，还有电离层，深空中还要考虑太阳辐射等等，这些环境过去没有遇到过。第四个问题是构造远距离测控，远距离测量。火箭发射也好，卫星飞行也好，我们地面的人都必须要知道它飞到哪儿，所以必须要测量。还要和飞行器保持联络，火箭和卫星要把信号传输下来，我们的遥控指令要传输上去，这些都是需要进行通讯的。这么长的距离，过去我们没有实验过。

怎样飞往月球

根据探测任务的需要和探月飞行器可能达到的控制水平，可以采用多种飞向月球的方式。最简单的方式是瞄准月球后直接撞击月球，不行就从月球附近飞过。这种方式的探月飞行器在进入奔月轨道后，完全在地球、月球、太阳等天体的吸引力作用下飞行，不需要强大的地面测量控制，也不需要强大的地面测量控制站。探月飞行器设计简单，对运载火箭控制精度要求也不是很高，仅需要必要的远距离通信手段。事先设计好瞄准月球的奔月轨道，如入轨偏差小就撞上月球，入轨偏差大就从月球附近飞过，只要能将所获得的月面资料传回地面即可。但是采用这种飞行方式，撞击月球前或从月球附近飞过的时间都比较短，难以对月球进行长时间细致的观测，获得的月面资料也比较少，属早期技术水平较低的一种飞行方式。"长征三号甲"火箭首次试验发射，就想采用这种飞行方式来实现我国首次奔月飞行；"长征二号F"火箭的第一次飞行也曾设想采用这种飞行方式。

第二种探月飞行方式，是在到达月面附近后实施轨道机动，使探月飞行器进入环绕月球的卫星轨道。这种飞行方式要求在奔月飞行中探测器到达近月点附近时，适时进行一次或多次轨道机动，使探测器进入探测所要求的环月球卫星轨道。为了获得更全面地对月球观测资料，这个环月轨道最好是通过月球两极上空的极轨道。另外，在对月观测期间，还必须不断控制探测器

环绕月球运行的轨道，避免它在月球引力异常等因素干扰下过多偏离要求轨道，甚至撞上月球。这些轨道控制都需要探测器在地面测探站的配合下完成。这不但对探测器的设计提出了很高的要求，还需要建立测探能力强大、测量控制精度足够的地面站。另外，为了将获得的大量探测资料传回地面，还需要强大通信设备，用以解决高速率的数据通信问题。因此，如果在技术上没有达到一定水平，这种飞行方式是难以实施的。

第三种探月飞行方式，是在到达月面附近后多次实施轨道机动，使探月飞行器实现月面软着陆。可以设计一种直接撞击月面的奔月轨道，在与月面撞击前距离月面一定距离时，控制探测器进行制动，通过多次制动实现月面软着陆。也可以先以第二种方式飞行，控制探测器进入所需求的环月轨道，在这个轨道上对探测器的轨道进行长时间的测量和控制，最后再选择适当时机，控制探测器多次进行制动，使探测器在月面软着陆，对月面进行定点详细勘测。探测器还可以携带月球车，在月面软着陆后释放出来，让月球车在月面实施巡回勘测，同时将探测器的定点勘测资料和月球车的巡回勘测资料传回地面，供有关人员进行研究。当然，第三种飞行方式对探测器的设计、对探测器和地面测控通信的要求更高。

第四种飞行方式，是让探测器携带返回火箭实现月面软着陆后，自动采集月面地质样本，然后选择恰当时机控制返回火箭从月面起飞，将所采集的月面地质样本带回地面。返回火箭从月面起飞后，可以直接进入返回地球的轨道，也可以先进入一个环月轨道，在这个环月轨道上对返回火箭的轨道进行测量和控制，最后再选择适当时机控制返回火箭加速，进入返回地球的轨道。返回火箭带有回收舱，在到达地球附近进入地球稠密大气层之前，回收舱与返回火箭分离，回收舱以大于10千米/秒的速度进入稠密大气层，在数千摄氏度的高温下，通过大气阻力减速，最后打开降落伞，落回地面。这种飞行方式除了要实现月面软着陆外，还要控制返回火箭进入返回地球的轨道，接着进入返回地球大气层的再入走廊，回收舱要解决在大气层内高速运动时的空气动力以及烧蚀和防热问题，技术难度很大。

第五种探月飞行方式，就是实现载人登月。这相当于第四种飞行方式要在载人的情况下完成。这种飞行方式要求系统能保证人的生存，提供人的生活、工作条件，并要求系统有很高的可靠性。如果像美国"阿波罗"登月计划那样，三人同行，两人乘登月舱登月，一个操纵指令服务舱在环月轨道上等待，则登月舱从月面起飞后，还要实现与指令服务舱在环月轨道上对接。

我们都知道，要使物体绕地球作圆周运动，其速度必须达到7.9千米/秒的第一宇宙速度；要使物体摆脱地球引力束缚，飞离地球，其速度必须达到11.2千米/秒的第二宇宙速度；而要使物体摆脱太阳引力束缚，飞出太阳系，其速度必须达到16.7千米/秒的第三宇宙速度。

要使月球探测卫星进入月球轨道，其速度应该达到多少呢？有人可能认为应达到第二宇宙速度，实际上只要使初始速度大于10.9千米/秒，月球探测卫星就可飞向月球。这是由于月球本身处在地球引力范围内，当月球探测卫星的飞行轨道在离月球6.6万千米之外时，主要受地球引力作用，是相对地球的椭圆轨道；在离月球6.6万千米之内时，主要受月球引力作用，是相对于月球的双曲线轨道。

把月球探测卫星从地面发射到月球轨道也有多种方式，常用的有四种：第一种是用运载火箭先将月球探测卫星送入近地球的圆轨道上，然后靠月球探测卫星自行加速进入地月转移轨道到达月球；第二种是用运载火箭将月球探测卫星送入环地球飞行的大椭圆轨道，然后通过月球探测卫星在椭圆轨道的近地点处加速来进入地月转移轨道，最终到达月球；第三种是用运载火箭将月球探测卫星送入地月引力平衡点处，然后在地月引力平衡点处使月球探测卫星加速进入月球轨道；第四种是用运载火箭把月球探测卫星直接送入地月转移轨道从而飞向月球。

我国的探月飞行计划，规划为三步：绕、落、回。第一步是发射"嫦娥一号"探月卫星，进入通过月球两极上空的椭圆形月轨道，轨道高度约为200千米，在这个环月轨道上对月球进行约1年的长期观测，这一步已经成功实现。第二步是发射月球探测飞行器，通过环月轨道，实现在月面上的软着陆，并对月面进行定点详细勘测，同时携带月球车，实施巡回勘测。第三步，发

射月球探测火箭，实现月面软着陆，采集月面地质样本，再从月面起飞返回地球。

我国的绕月探测工程——"嫦娥工程"

发射人造地球卫星、载人航天和深空探测是人类航天活动的三大领域。重返月球、开发月球资源、建立月球基地已成为世界航天活动的必然趋势和竞争热点。开展月球探测工作是我国迈出航天深空探测第一步的重大举措。实现月球探测将是我国航天深空探测零的突破。月球已成为未来航天大国争夺战略资源的焦点。

月球具有可供人类开发和利用的各种独特资源，月球上特有的矿产和能源，是对地球资源的重要补充和储备，将对人类社会的可持续发展产生深远影响。绕月探测工程是我国自主对月球的探索和观察，又叫做嫦娥工程。国务院正式批准绕月探测工程立项后，绕月探测工程领导小组将工程命名为"嫦娥工程"，将第一颗绕月卫星命名为"嫦娥一号"。"嫦娥一号"卫星由中国空间技术研究院承担研制，主要用于获取月球表面三维影像、分析月球表面有关物质元素的分布特点、探测月壤厚度、探测地月空间环境等。

月球着陆探测器模型

我国绕月探测工程将完成以下四大科学目标：

1. 获取月球表面三维影像。划分月球表面的基本地貌构造单元，初步编制月球地质与构造纲要图，为后续优选软着陆提供参考依据。

2. 分析月球表面有用元素含量和物质类型的分布特点。对月球表面有用元素进行探测，初步编制各元素的月面分布图。

3. 探测月壤特性。探测并评估月球表面月壤层的厚度、月壤中氦－3的资源量。

4. 探测地月空间环境。记录原始太阳风数据，研究太阳活动对地月空间环境的影响。

据专家介绍，由月球探测卫星、运载火箭、发射场、测控和地面应用五大系统组成的绕月探测工程系统，届时将实现以下五项工程目标：

（1）研制和发射我国第一个月球探测卫星；

（2）初步掌握绕月探测基本技术；

（3）首次开展月球科学探测；

（4）初步构建月球探测航天工程系统；

（5）为月球探测后续工程积累经验。

早在1994年，我国航天科技工作者就已经进行了探月活动的必要性和可行性研究，1996年完成了探月卫星的技术方案研究，1998年完成了卫星关键技术研究，以后又开展了深化论证工作。

经过10年的探讨和论证，最终确定我国整个探月工程分为"绕"、"落"、"回"三个阶段。

第一步为"绕"，即发射我国第一颗月球探测卫星，突破至地外天体的飞行技术，实现月球探测卫星绕月飞行，通过遥感探测，获取月球表面三维影像，探测月球表面有用元素含量和物质类型，探测月壤特性，并在月球探测卫星奔月飞行过程中探测地月空间环境。名为"嫦娥一号"的第一颗月球探测卫星已于2007年10月24日成功发射。

第二步为"落"，时间定为2007年至2010年。即发射月球软着陆器，突破地外天体的着陆技术，并携带月球巡视勘察器，进行月球软着陆和自动巡

视勘测，探测着陆区的地形地貌、地质构造、岩石的化学与矿物成分和月表的环境，进行月岩的现场探测和采样分析，进行日—地—月空间环境监测与月基天文观测。具体方案是用安全降落在月面上的巡视车、自动机器人探测着陆区岩石与矿物成分，测定着陆点的热流和周围环境，进行高分辨率摄影和月岩的现场探测或采样分析，为以后建立月球基地的选址提供月面的化学与物理参数。

第三步为"回"，时间定在 2011 至 2020 年。即发射月球软着陆器，突破自地外天体返回地球的技术，进行月球样品自动取样并返回地球，在地球上对取样进行分析研究，深化对地月系统的起源和演化的认识。目标是月面巡视勘察与采样返回。

月球着陆器

月球探测三期工程主要包括以下 5 个科学目标：

1. 探测区月貌与月质背景的调查与研究。

利用着陆器机器人携带的原位探测分析仪器，获取探测区形貌信息，实测月表选定区域的矿物化学成分和物理特性，分析探测区月质构造背景，为样品研究提供系统的区域背景资料，并建立起实验室数据与月表就位探测数据之间的联系，深化和扩展月球探测数据的研究。探测区月貌与月质背景的调查与研究任务的主要内容包括：

（1）探测区的月表形貌探测与月质构造分析；

（2）探测区的月壤特性、结构与厚度以及月球岩石层浅部（1～3 km）的结构探测；

（3）探测区矿物/化学组成的就地分析。

2. 月壤和月岩样品的采集并返回地面。

月球表面覆盖了一层月壤。月壤包含了各种月球岩石和矿物碎屑，并记录了月表遭受撞击和太阳活动的历史；月球岩石和矿物是研究月球资源、物质组成与形成演化的主要信息来源。采集月壤剖面样品和月球岩石样品，对月表资源调查、月球物质组成、月球物理研究和月球表面过程及太阳活动历史等方面都具有重要意义。月壤岩芯明岩样品的采集并返回地面的任务的主要内容包括：

1）在区域形貌和月质学调查的基础上，利用着陆器上的钻孔采样装置钻取月壤岩芯；

2）利用着陆器上的机械臂采集月岩/月壤样品；

3）在现场成分分析的基础上，采样装置选择采集月球样品；

4）着陆器和月球车都进行选择性采样，月球车可在更多区域选择采集多类型样品，最后送回返回舱。

3. 月壤与月岩样品的实验室系统研究与某些重要资源利用前景的评估。

月壤与月岩样品的实验室系统研究与某些重要资源利用前景的评估任务的主要内容包括：

（1）对返回地球的月球样品，组织全国各相关领域的实验室进行系统研究，如物质成分（岩石、矿物、化学组成、微量元素、同位素与年龄测定）、物理性质（力学、电学、光学、声学、磁学等）、材料科学、核科学等相关学科的实验室分析研究；

（2）月球蕴含丰富的能源和矿产资源，进行重要资源利用前景的评估，是人类利用月球资源的前导性工作，可以为月球资源的开发利用以及人类未

来月球基地建设进行必要的准备；根据月球蕴含资源的特征，测定月球样品中 He－3、H 、钛铁矿等重要资源的含量，研究其贮存形式；

（3）开展 He－3 等太阳风粒子的吸附机理和钛铁矿富集成矿的成因机理研究；

（4）开展 He－3 、H 等气体资源提取的实验室模拟研究。

4．月壤和月壳的形成与演化研究。

月壤的形成是月球表面最重要的过程之一，是研究大时间尺度太阳活动的窗口。月球演化在 31 亿年前基本停止，因此月表岩石和矿物的形成与演化可反映月壳早期发展历史；月球表面撞击坑的大小、分布、密度与年龄记录了小天体撞击月球的完整历史，是对比研究地球早期演化和灾变事件的最佳信息载体。

5．月基空间环境和空间天气探测。

太阳活动是诱发空间环境与空间天气变化的主要因素，对人类的航天等活动有重大影响。在月球探测三期工程中，空间环境与空间天气探测包括以下内容：

（1）空间环境探测器：

记录宇宙线、太阳高能粒子和低能粒子的通量和能谱，分析与研究太阳活动和地月空间环境的变化；探测太阳风的成分与通量，为月壤成熟度和 He－3 资源量的估算提供依据。

（2）甚低频射电观测：

在月面安置由两个天线单元组成的甚低频干涉观测阵，长期进行太阳和行星际空间的成图和时变研究，建立世界上第一个能够观测甚低频电磁辐射的长久设施。

当"绕、落、回"三步走完后，中国的无人探月技术将趋于成熟，中国人登月的日子也将不再遥远。

绕月探测工程是我国月球探测的第一期工程，即研制和发射第一颗月球探测卫星。该星将环绕月球运行，并将获得的探测数据资料传回地面。该工程由探月卫星、运载火箭、发射场、测控和地面应用五大系统组成。现已确定探月卫星主要利用"东方红三号"卫星平台，运载火箭采用"长征三号甲"火箭，发射场选用西昌卫星发射中心，探测系统利用现有航天测控网，地面应用系统由中国科学院负责开发。

具体计划是："长征三号甲"火箭从西昌发射中心起飞，将"嫦娥一号"卫星送入地球同步转移轨道后实现星箭分离，卫星最后进入环绕月球南北极的圆形轨道运行，并对月球进行探测，轨道距离月面的高度为200千米。

设计寿命为1年的"嫦娥一号"卫星，携带立体相机、成像光谱仪、激光高度计、微波辐射计、太阳宇宙射线检测器和低能离子探测器等多种科学仪器，对月球进行探测。它在环月飞行执行任务期间，主要获取月面的三维影像，分析月面有用元素含量和物质类型的分布特点，探测月球土壤厚度，检测地月空间环境。其中前三项是国外没有进行过的项目，第四项是我国首次获取8万千米以外的空间环境参数。此外，美国曾对月球上的5种资源进行探测，我国将探测14种，其中重要的目标是月球上的He-3资源。He-3是一种安全高效而又清洁无污染的重要燃料，据统计，月球上的He-3可以满足人类1万年以上的供电需求。月球土壤中的He-3含量可达500万吨。

"嫦娥工程"是我国完全自主创新的工程，也是我国实施的第一次探月活动。工程自2004年1月立项以来，已经完成了"嫦娥一号"卫星和"长征三号甲"运载火箭产品的研制和发射场、测控、地面应用系统的建设。2007年10月24日，"嫦娥一号"卫星在西昌卫星发射中心成功发射升空。

"嫦娥一号"

嫦娥，美貌非凡，是后羿的妻子。相传后羿是尧帝手下的神射手。后羿从西王母处求来不死之药，嫦娥偷吃了这颗灵药，变成了神仙，身不由己飘飘然地飞往月球。这个"嫦娥奔月"的古老传说流传了几千年，表达了我们人类对月球的无限向往和好奇。中国自主研制、发射的第一个月球探测器就被命名为"嫦娥一号"。

中国月球探测工程"嫦娥一号"月球探测卫星由中国空间技术研究院承担研制。"嫦娥一号"卫星主要用于获取月球表面三维影像、分析月球表面有

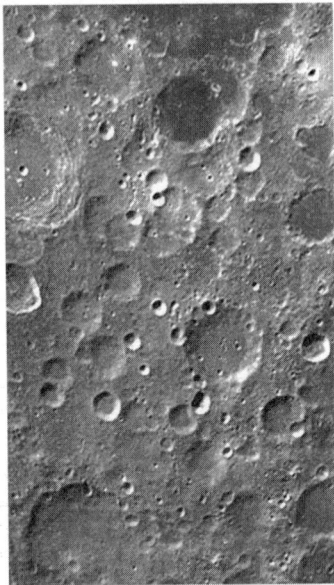

"嫦娥一号"传回的数据

用物质元素的分布特点、探测月壤厚度、探测地月空间环境等。整个"奔月"过程大概需要 8~9 天。"嫦娥一号"在距月球表面 200 千米的圆形极轨道上运行。随着"嫦娥一号"发射成功,中国成为世界第五个发射月球探测器的国家。

"嫦娥一号"是中国的首颗绕月人造卫星。"嫦娥一号"平台以中国已成熟的"东方红三号卫星"平台为基础,充分继承"中国资源二号卫星"、"中巴地球资源卫星"等现有成熟技术和产品,进行了适应性改造。该卫星平台利用"东方红三号卫星"平台技术研制,对结构、推进、电源、测控和数传等 8 个分系统分别进行了适应性修改。"嫦娥一号"卫星星体为一个 2×1.72×2.2 米的长方体,两侧各有一个太阳能电池帆板,完全展开后最大跨度可达 18.1 米,重 2350 千克。有效载荷包括 CCD 立体相机、成像光谱仪、太阳宇宙射线监测器和低能粒子探测器等科学探测仪器。

2007 年 10 月 24 日,"嫦娥一号"月球探测卫星在西昌卫星发射中心由"长征三号甲"运载火箭发射升空,并运行在距月球表面 200 千米的圆形极轨道上执行科学探测任务。"嫦娥一号"探月卫星的成功发射为我国未来实现载人登月奠定了基础,为我国航天事业掀开了新的一页。

"嫦娥一号"月球探测器

2009 年 3 月 1 日 16 时 13 分 10 秒，嫦娥一号卫星在北京航天飞行控制中心科技人员的精确控制下，准确受控撞击在月球东经 52. 36 度、南纬 1. 50 度的月球丰富海区域，为我国探月一期工程画上圆满的句号。

知识点

光谱仪

光谱仪，又称分光仪。以光电倍增管等光探测器在不同波长位置，测量谱线强度的装置。其构造由一个入射狭缝，一个色散系统，一个成像系统和一个或多个出射狭缝组成。以色散元件将辐射源的电磁辐射分离出所需要的波长或波长区域，并在选定的波长上（或扫描某一波段）进行强度测定。分为单色仪和多色仪两种。

追逐火星的"萤火"

中国火星探测计划是中国第一个火星探测计划，中国航天局将会与俄罗斯联邦航天局合作共同探索火星。2009 年发射的"萤火一号"将会是该计划中的首颗火星探测器。

整个计划共分四个阶段：

阶段一：（2008 年到 2009 年）会对第一次任务进行充足准备，包括订探测目标、技术研发和寻求国际合作。

阶段二：（2009 年后）已发射的卫星将探测火星环境，所得的数据以备火星软着陆之用。

阶段三：发射火星着陆器并携带一辆火星车，在火星上软着陆。

阶段四：成立火星表面观察站，发展飞行器穿梭地球与火星，并且建立火星基地供机械探测器进入。此阶段的最终目标是为将来人类登陆火星打下基础，使人类可在火星观察站中观察火星。

　　根据 2007 年 6 月 27 日中俄签署的双边合作协议，两国将于 2009 年联合开展火星探测项目。届时，中国的"萤火一号"将和俄罗斯的"福布斯"探测器一起搭乘俄罗斯的运载火箭飞向火星。"萤火一号"火星探测器，将在近火星点 800 千米、远火星点 8 万千米的椭圆形轨道上运行，绕着火星探测，以期完成三大主要任务：探测火星的空间环境，探测研究火星表面水的消失机制，揭示类地行星的空间环境演化特征。

　　目前完成研制的"四颗星"分别是两颗"结构星"，一颗"电性星"和一颗"鉴定星"。"结构星"主攻机械对接、双星分离及其力学实验，"电性星"司职电性能综合测试；而综合了各项技术攻关成果的"鉴定星"则是"萤火一号"的蓝本，未来发射的正样星就将在其基础上精益求精。有关专家介绍说，一颗"结构星"和一颗"电性星"已于 2008 年 9 月 29 日运抵俄罗斯，等候联合实验。

　　火星探测是我国首次开展的地外行星空间环境探测活动，"神舟"飞船是飞上几百千米的太空，"嫦娥"飞船要飞 38.4 万千米到月球，而"萤火一号"遥远的火星之旅却得走完整整 3.5 亿千米的漫长路程，这是我国深度空间技术和航天器研制水平的飞跃。

　　舒展起宛如长臂般的蓝色太阳帆板，六面体的白色身躯上布有摄像头，2008 年 5 月 21 日，中国首个火星探测器"萤火一号"在上海闵行区博物馆第一次揭开神秘的"面纱"。

　　在展示"萤火一号"模型的同时，其设计方上海航天局有关人士还透露了 2009 年我国首次探测火星的发射计划、使命任务以及"萤火一号"身上的奇妙特性。

　　作为位于地球外侧最近的一颗行星，火星和地球的最近距离有 5670 万千米，最远距离则有 4 亿千米，现在认为它有稀薄的大气，也有四季交替的气候变化，但它依然是人类至今未能到达的神秘领域。2007 年 4 月，中俄两国总理举行会晤，签署了火星探测项目合作的相关文件。按照任务分工，中国火星探测器由上海航天局负责总研制。

　　"萤火一号"的火星探测器，是继载人航天、探月工程后，我国又一次重大航天科学计划。

因为要搭俄罗斯运载火箭的"顺风车","萤火一号"必须舍近求远——和以着陆火星卫星为目标的俄罗斯探测器"福布斯"同路，经过 11 个月、3.5 亿千米的漫漫太空之旅后，才能入轨。

专家表示，"萤火一号"的寿命暂定为 1 年，随后它将接受 2 个月的考核。按计划，"萤火一号"将于 2010 年 8 月进入火星轨道，71 天后，即 2011 年 1 月，它将遭遇长达 8.8 小时的"长火影"（长期火星阴影）。届时，火星将运行至探测器和太阳之间，也就挡住了"萤火一号"向太阳要能量的路。如何确保"萤火一号"在这段时间内照常工作不误事，相关技术正在科研攻关中。

从个头来说，"萤火一号"是火星探测器家族中的小家伙，"萤火一号"模型只有一辆自行车的大小，届时它的实际质量将重达 110 千克，体积有 $750 \times 750 \times 600$ 毫米，太阳帆板展开将达到 7.85 米，设计寿命 2 年，身为首位火星"探测兵"，它将携带等离子探测包、掩星探测接收机、光学成像仪和磁通门磁强计等先进有效载荷。

"我们的探测器将和俄罗斯的探测器一起飞往火星。"上海航天局有关人士介绍了"萤火一号"抵达火星的全过程——2008 年 4 月探测器完成初样，2009 年 6 月完成真样。根据协议，2009 年 10 月，"萤火一号"将与俄方的火星土壤采样返回探测器"福布斯"探测器一起由俄运载火箭同时发射，发射地点是哈萨克斯坦境内的拜科努尔航天发射中心。

升空后，"萤火一号"将在距地面 200 千米的远轨道飞行 4 小时，然后启动主发动机，飞到距地面 1 万千米的过渡椭圆轨道无动力飞行 26 个小时。紧接着，"萤火一号"将迎来彻底告别地球的时刻，伴随着主发动机的再次启动，它就将进入从地球到火星的双曲线轨道，开始预计长达 10 到 11 个半月的太空旅程。

到 2010 年，"萤火一号"将由俄方探测器送入绕火星的椭圆形轨道，此刻太阳帆板将会展开，完成对太阳、对地球和对火星三个工作模式的切换，在近火点（距离火星最近的点）800 千米、远火点 80000 千米、轨道倾角正负

5 度的火星大椭圆轨道上开展火星空间环境的科学探测，开始正式履行它的火星探测使命。

➤➤ 知识点

火　星

火星是太阳系由内往外数的第四颗行星，属于类地行星，直径为地球的一半，自转轴倾角、自转周期与地球相近，公转一周则要花两倍时间。在西方称为战神玛尔斯，中国则称为"荧惑"。橘红色外表是因为地表有赤铁矿（氧化铁）。火星基本上是沙漠行星，地表沙丘、砾石遍布，没有稳定的液态水体。二氧化碳为主的大气既稀薄又寒冷，沙尘悬浮其中，每年常有尘暴发生。火星两极皆有水冰与干冰组成的极冠，会随着季节消长。

探测太阳的"夸父"计划

"夸父"计划是中国的一个太阳监测卫星计划，又称为"空间风暴、极光和空间天气"探测计划，计划得名于中国神话中的夸父。

由于 2012 年将是一个太阳活动高峰年，2012 年至 2014 年太阳活动将会很强烈，因此"夸父"计划三颗卫星建议在这个时间内发射，如果按期实施，该计划将是世界上唯一一个系统的日地空间探测计划。

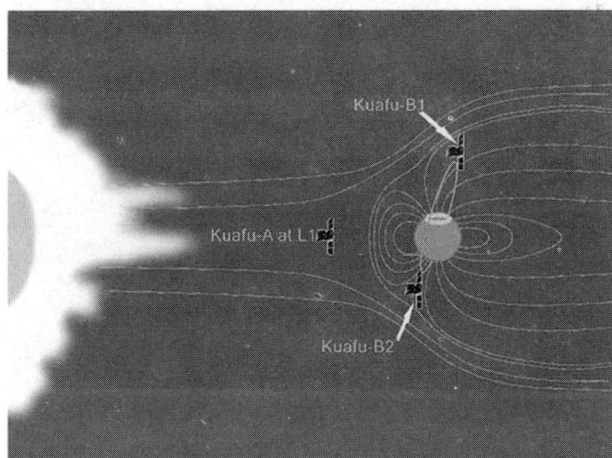

"夸父"计划示意图

"夸父"计划卫星初期飞行时间将为 2 至 3 年，计划共发射三颗探测器（A、B1、B2）。其中，A 探测器"夸父 A"将固定在离地球 150 万千米的拉格朗日点（也称 L1 点，即地球与太阳之间的引力平衡点），用以全天候监测太阳活动的发生及其伴生现象，"夸父 B1"和"夸父 B2"探测器将组成综合观测系统，在地球极轨大椭圆轨道上飞行，用以监测太阳活动导致的地球近地空间环境的变化，以及地球极光分布等。

夸父计划将帮助科学家深入研究日地环境，为灾害性空间环境预报提供观测数据。同时，它将揭示日地空间风暴机理，监测行星际扰动传播。届时，

空间天气的预警预报水平将大幅提高，并推动中国航天深空探测技术的发展。

有专家指出，实施"夸父"计划，中国仍面临许多技术挑战。例如，"夸父 A"要被准确发射到太阳与地球连线引力平衡点上，距地球 150 万千米。目前，只有美国航天局和欧洲航天局为数不多的航天器，如 SOHO、ACE、ISEE 等飞行器到达过 L_1 点，中国从未把卫星发射到那么远的位置。此外，"夸父"卫星的对地距离是"嫦娥一号"卫星的 4 倍，地面人员要对卫星进行姿态调整，接收遥远的微弱信号。

"夸父 A"卫星选择哪种运载工具、转移轨道才能到达距地球约 150 万千米的 L1 点；选择何种方式保持卫星轨道在 L1 点上；"夸父 A"卫星如何实施远距离测控和通信；L1 点通信距离上属于深空范畴，如何在深空条件下实施对卫星的测控和数据传输通信……这些都是实现"夸父 A"卫星的关键环节，也是"夸父 A"工程要攻克的技术难关。

"夸父 B"卫星飞行任务是实现一天 24 小时、一周 7 天连续观测北极光的分布。为了实现这个目标，"夸父 B"由两颗同样的卫星组成："夸父 B1"和"夸父 B2"。这两颗卫星的轨道要位于同一极轨上，呈共轭飞行状态，远地点高度 6 个地球半径，近地点 0.8 个地球半径。选择什么运载工具和发射方式是"夸父 B"卫星工程要解决的关键技术。

除此之外，整个"夸父"计划都采用成像技术，它所使用的一些特殊成像仪器都要进行技术攻关，如中性原子成像仪、太阳白光日冕仪。由于地球的外层空间有一些中性的氧原子，需要用现在的成像技术把其速度分布形成图形，以确定在太阳有扰动时，外层空间到底是如何响应的，但是由于中性原子本身通过交换原子以后可以成像，所以这里涉及一些新的成像技术方面的难点。

据了解，来自德国、法国、比利时、奥地利、加拿大等国的 10 多位著名空间科学家也将参与这项由中国人发起的太阳探索计划。

"夸父"卫星将在很高的精度上追踪太阳爆发和地磁暴活动；如果"夸父"计划顺利实施，它将有许多项首创技术，并将使中国在深空探测方面跨入国际领先行列。

►►► 知识点

空间天气

空间天气是一个近地空间环境变化的概念。它与行星大气层内的天气截然不同，涉及空间等离子、磁场和辐射等现象。"空间天气"通常与近地空间磁层紧密相连，但其也研究星际空间的变化。在我们的太阳系内，空间天气主要受太阳风的风速和密度，以及太阳等离子体带来的行星际磁场三者的影响。各种各样的物理现象都与空间天气相关，包括地磁风暴和亚暴，在范艾伦辐射带的电流，电离层扰动和闪烁，极光和在地球表面的磁场变化诱导的电流等。日冕物质抛射及相关冲击波，也是空间天气的重要动力。

运载火箭新时代

目前我国的"长征"系列火箭，是在20世纪70年代"东风五号"洲际导弹的技术基础上发展起来的。经历30多年的发展，虽然经过很多的改进，技术有了巨大的进步，但是使用的推进剂、发动机和火箭的基本直径都没有什么变化。进入21世纪，它越来越不适应航天事业的发展形势。近年来，国际上已经开发出了多种型号的运载火箭，如美国的"德尔它"系列、欧洲的"阿丽亚娜-5"运载火箭、日本的H-2A型运载火箭等。这些运载火箭可靠性高，运载能力大，发射成本也在逐渐降低，越来越成为我国"长征"系列运载火箭的有力竞争对手。

相较于国际上这些新型运载火箭，我国的"长征"系列运载火箭，有其明显的不足：运载能力低、可靠性不高，安全性差，任务周期长，使用的推进剂性能差、毒性大，生产使用不方便，成本高，污染环境等；并且，还不能满足我国未来建立空间站、进行太空探测和载人登月飞行等航天事业发展的需要。如果我们不能尽快改进，不仅会逐渐被世界航天发射市场淘汰，而且这很可能会成为发展我国航天事业的制约因素。所以需要尽早规划，研制

技术更先进的新一代大型运载火箭。

我国航天人早就预见到了这个问题。早在 1986 年，这个研制新一代大型运载火箭的规划就被列入了我国高技术研究发展计划——"863 计划"纲要中了。

"863 计划"对航天运载技术提出的发展纲要是：研究发展性能先进的大型运载火箭，提高我国航天发射商业服务能力，并为下世纪初建成长期性空间站奠定基础。

我国政府在 2000 年 11 月正式对外发布的《中国航天白皮书》中，也阐述了我国面向 21 世纪的航天发展战略和规划，指出今后 10 年或稍后的时期，中国运载火箭发展的目标是：全面提高中国运载火箭的整体水平和能力；提高现有"长征"系列运载火箭的性能和可靠性；开发新一代无毒、无污染、高性能和低成本的运载火箭，建成新一代运载火箭型谱化系列，增强参与国际商业服务的能力。

经过多年的反复论证，专家们提出了很多方案和发展途径，进行大量对比分析，对大型运载火箭的推进剂、发动机、火箭直径、级数和发射场等多方面进行探讨。到 2002 年 4 月，我国新一代运载火箭的总体发展规划基本完成，形成了"一个系列、两种发动机、三个模块"的总体发展思路。

"一个系列、两种发动机、三个模块"怎么理解呢？"三个模块"是指使用液氢和液氧推进剂的 5 米直径模块、使用液氧和煤油推进剂的 3.35 米直径模块和 2.25 米直径模块；"两种发动机"，是指新研制的 50 吨氢氧发动机和 120 吨液氧、煤油发动机；在三个模块基础上，第一步先组合制造出芯级 5 米直径的大型运载火箭，再根据进一步组合制造出 3.35 米直径的中型运载火箭和 2.25 米直径的小型运载火箭，从而形成地球轨道运载能力覆盖 1.5 ~ 25 吨，地球同步转移轨道运载能力覆盖 1.5 ~ 14 吨的新一代运载火箭系列。

一个系列

采用模块化组合思想，利用上述三个新研制的基本模块，再加上在"长征三号甲"系列火箭三级基础上改进设计的氢氧二子级模块，可以构成芯级使用5米直径模块的大型运载火箭系列构型，它的低地球轨道运载能力覆盖10～25吨，地球同步转移轨道运载能力覆盖6～14吨。

作为新一代运载火箭的发展重点，5米直径大型运载火箭研制成功之后将成功解决新一代运载火箭的关键技术，在3.35米模块和2.25米模块基础上可以组合出3.35米中型运载火箭和小型运载火箭，来替代现有的火箭。

两种发动机

120吨液氧煤油发动机是我国新一代运载火箭系列的基本动力构成，是我国引进先进的火箭发动机技术，新发展的高压补燃发动机，不但换用了无毒、无污染的液氧和煤油推进剂，地面比冲也比原有"长征"系列火箭一级使用的发动机提高15%。它燃烧室压力高，推力大，有利于减少火箭发动机的台数，提高动力系统的可靠性。液氧煤油推进剂具有无污染的优点和高密度的特点，并且资源丰富、价格便宜，又方便生产，是运载火箭理想的推进剂。

氢氧发动机因其无污染、高性能的特点，作为芯级发动机已被美国、欧洲、日本等国家的大型运载火箭普遍采用。使用50吨氢氧发动机不仅可以有效减小新一代运载火箭的规模，使新一代运载火箭的综合性能达到国际水平，而且从航天运载器的发展趋势看，50吨氢氧发动机及时的突破和应用，使得它在未来可重复使用运载器的研制过程中将扮演越来越重要的角色。

三个模块

新一代运载火箭系列包括5米直径模块、3.35米直径模块和2.25米直径模块以及其他组合模块。通过模块组合，可以形成不同的构型，来满足不同的任务需求。模块化的组合设计，能有效克服我国原有运载火箭研制中存在的"型号多、功能单一、研制重复"的缺陷，有利于达到通用化、系列化、组合化的"三化"要求。

　　5米直径模块采用全新的大直径技术，使用液氢液氧推进剂和两台50吨氢氧发动机，配有相应的增压输送系统和伺服机构，是新一代运载火箭的核心模块。

　　3.35米直径模块继承现有火箭技术，使用液氧煤油推进剂和两台120吨液氧煤油发动机。它既可作为大型火箭助推器，也可作为中型火箭的芯级。

　　2.25米直径模块继承现有火箭技术，使用液氧煤油推进剂和一台120吨液氧煤油发动机。它既可作为助推器，也可作为小型火箭。

新一代运载火箭模型

无比广阔的前景

火箭研究专家对中国运载火箭发展前景做出的展望和预测是：标准化、模块化、集成化。

目前我国的每种火箭一年最多进行两次发射，因此火箭往往是单件生产。由于质量检查要求从产品中抽取一枚用于检查，小批量生产势必造成浪费。

今后我国的火箭研制应该着眼于基本型火箭的研制和批量生产，在此基础上根据每次发射任务和指标的不同进行组合和功能改进。这样不仅能提高火箭的质量，而且可以大幅度节约成本。这就好比搭积木一样，尽管都是相同的木块，却能用不同的方法组合出不同的形状来。

推进剂的改进是火箭专家关注的另一个问题。目前我国二级火箭芯级和助推器均使用四氧化二氮和偏二甲肼推进剂。这种推进剂有一定的腐蚀性和毒性，要求发射场区采取很多防污染的措施，而且火箭残骸落地后的残留推进剂也存在一定的不安全因素。改用无毒推进剂是未来火箭发展的必然趋势。

我国的运载火箭群体是由4个系列12个型号的"长征"火箭构成的。截至2008年年底，"长征"系列运载火箭已成功把50多颗国产卫星、20多颗国外制造的卫星和7艘"神舟"飞船送入太空。

新一代运载火箭需要突破120吨级高压补燃液氧煤油发动机技术，50吨级氢氧发动机技术，5米直径箭体结构设计、试验与制造技术，电气系统一体化设计以及冗余技术等多项关键技术。目前关键技术都处于积极攻关进程中。

新一代运载火箭的研制成功，不但会大幅度提高我国运载火箭技术水平，提高我国在世界航天发射市场上的竞争地位，也将为我国未来航天事业的发展打下坚实的基础。

新一代运载火箭系列适应能力强，能够满足未来30至50年国内外航天市场的需要，可以使中国运载火箭理想地实现升级换代，并推动其产业化进程，实现跨越式发展，从而全面提升中国运载火箭的国际竞争能力。

有了新一代运载火箭，不但可以发射月球探测器，实现月面软着陆，进

行月面定点探测和巡回探测，以及进一步实现从月面采样返回，还可以发射火星探测器。如果我们掌握了空间交会对接和火箭空间组装的技术，还可以使用多次地基发射、近地轨道对接和环月轨道对接相结合的方案，实现载人登月。

据估计，到2015年，我国商业发射将占国际市场份额的15%，迈入世界大型航天企业集团前五。

世界高技术发展的趋势表明，航天科技是一个国家未来经济社会发展和科技进步的重要推动力量。中国航天科技集团公司第四次工作会议提出，努力把该公司建设成为国际一流大型航天企业集团，着力推进我国从航天大国向航天强国迈进。

中国航天科技集团公司负责人强调，从现在开始到2015年，是中国航天科技集团公司改革发展建设的关键时期。集团公司要积极应对太空经济时代的机遇和挑战，肩负起从航天大国向航天强国迈进和建设创新型国家的历史责任，完成好富国强军的神圣使命，把中国科技集团公司建设成自主创新能力强、科技发展水平高、产业发展能力强、军民融合程度高、国际竞争能力强、经营管理水平高的国际一流的大型航天企业集团。

作为高科技产业的"旗舰"，我国的航天科技工业始终走在建设创新型国家的最前列。经过近60年的发展，中国航天已经形成了一定的规模和基础，拥有了完整配套的科研生产体系，具备了弹、箭、星、船、器等各类航天产品的研发、生产、试验能力，国际影响力不断增强，成为世界航天领域的一支重要力量，从而使我国成功迈入了航天大国的行列。

中国航天科技集团公司自1999年7月成立以来，在党中央、国务院的亲切关怀和正确领导下，战胜了各种困难和挑战，在铸造国际一流宇航公司的探索与实践中，取得了举世瞩目的成就：圆满完成了"神舟五号"、"神舟六号"、"神舟七号"载人飞行和"嫦娥一号"绕月探测飞行任务，铸就了我国航天史上两座新的里程碑，实现了"长征"系列运载火箭100次发射的历史性跨越，取得了商业卫星整星出口零的突破。近10年来共发射了我们自行研制的43颗卫星、7艘飞船和1颗月球探测器。

在肯定成绩的同时我们也应该看到，同美、俄等航天强国相比，我国在航天基础实力、前沿科技水平和国际竞争力等方面，还存在较大差距。为此，中国航天科技集团公司出台了《中国航天科技集团公司构建航天科技工业新体系战略转型指导意见》，提出到2015年，实现以下目标：

——在宇航系统、导弹武器系统、航天技术应用产业、航天服务业四大主业领域达到国际先进水平。

——打造7个数百亿规模的大型科研生产联合体，形成10个左右主营业务收入过百亿的公司。

——国际化业务快速增长，整星出口占国际商业卫星市场10%左右，商业发射服务占国际市场15%左右，航天技术应用产业的产品出口额占其业务收入的20%左右。

——进入世界大型航天企业集团前五名。

153

——圆满完成国家重大科技专项阶段目标，发射空间实验室，实现月球着陆探测，新一代运载火箭首飞，第二代卫星导航与定位系统建立，高分辨率对地观测系统取得突破。

知识点

火箭推进剂应具有的特性

①比冲量高；②密度大；③燃烧产物的气体（或蒸气）分子量小，离解度小，无毒、无烟、无腐蚀性，不含凝聚态物质；④火焰温度不应过高，以免烧蚀喷管；⑤应有较宽的温度适应范围；⑥点火容易，燃烧稳定，燃速可调范围大；⑦物理化学安定性良好，能长期贮存；⑧机械感度小，生产、加工、运输、使用中安全可靠；⑨经济成本低、原料来源丰富。